도움주신분

화장품 협찬
- 엘앤에스 화장품
- 레인보우 속눈썹

메이크업
- 김인영(메이크업 아티스트)
- 백혜림(메이크업 아티스트)

속눈썹 연장 : 이지은
(IEDA 국제 속눈썹 전문가협회 강사)

사진 : 김생수

모델

웨딩 로맨틱	이주영
웨딩 클래식	최은정
한복	강채원
내츄럴	남영선
그레타 가르보	최은정
마릴린 먼로	박은정
트위기	손현경
펑크	이채린
레오파드	이채린
무용(한국)	남영선
무용(발레)	김세미
노인(추면)	손현경

완전합격
미용사 메이크업 실기시험문제

들어가는 글

메이크업은 2016년 7월 1일 이후 산업인력공단의 국가자격시험 취득분야가 되었습니다.

우리나라의 메이크업은 고조선, 삼국시대부터 전래되는 고유한 방법으로 아름다움을 추구하면서 연극을 하고 춤을 추는 등의 민속적인 공연 문화에 기여해 왔습니다. 이러한 분야가 외래문화를 본격적으로 받아들이면서 화장품업계의 성장과 함께 영화, 무대 등 공연 문화의 확산과 더불어 메이크업의 기술도 동반 성장하게 되었습니다. 따라서 메이크업 산업은 단순히 개인적인 아름다움을 추구하는 데서 만족하는 것이 아니라 우리나라의 영화산업, 무대산업, 광고업계, 방송국 등과 같은 주요 산업에 꼭 필요한 분야가 되었습니다. 이러한 필연적인 이유로 메이크업은 국가자격증으로 인정받게 되었습니다.

메이크업이 국가자격시험 취득 분야가 됨으로써, 메이크업계에 진출해야 하는 메이크업 아티스트들은 필수적으로 국가자격시험을 보아야 하며 본 교재는 이에 맞는 내용으로 구성하였습니다.

미용사 메이크업 실기시험 과제 구성은 다음과 같습니다.

제1과제 뷰티 메이크업

세부과제는 ① 웨딩(로맨틱) ② 웨딩(클래식) ③ 한복 ④ 내추럴이며, 시간은 40분, 배점은 30점입니다.

제2과제 시대 메이크업

세부과제는 ① 현대1 - 1930년대(그레타 가르보) ② 현대2 - 1950년대(마릴린먼로) ③ 현대3 - 1960년대(트위기) ④ 현대4 - 1970~1980년대(펑크)로, 시간은 40분, 배점은 30점입니다.

제3과제 캐릭터 메이크업

세부과제는 ① 이미지(레오파드) ② 무용(한국) ③ 무용(발레) ④ 노인(추면)으로, 시간은 50분, 배점은 25점입니다.

제4과제 속눈썹 익스텐션 및 수염

세부과제는 ① 속눈썹 익스텐션(왼쪽) ② 속눈썹 익스텐션(오른쪽) ③ 미디어 수염이며, 시간은 25분, 배점은 15점입니다.

이러한 미용사 메이크업 실기시험 과제에 따라 최대한 수험생들이 패턴을 쉽게 이해하고 섬세한 부분까지 놓치지 않고 실력을 쌓아 합격할 수 있도록 새로운 방법과 구성으로 제작하였습니다.

본 교재의 특징을 보면
1. 사진과 일러스트를 이용한 섬세한 메이크업 테크닉 지도
2. 단계별 사진과 설명
3. 실제 모델사진으로 Before 와 After 상태 비교
4. 출제기준 암기에 중점을 둔 과정 배열
등을 들 수 있습니다.

미용사 메이그업 국가자격증 취득으로 당당히 메이크업 분야의 전문가로 발돋움하십시오.

본 교재를 집필하면서 메이크업 아티스트 선배로서 나의 제자들과 후배들이 미용사 메이크업 국가자격증을 한시라도 빨리 취득하여 전문가로서 인정받고 메이크업계의 발전에 앞장서는 진정한 아티스트가 되기를 바라는 염원을 가져봅니다.

크리에이티브 메이크업 랩

과제 구성

미용사(메이크업) 과제 유형(2시간 35분)

※ 출처 : 산업인력공단

과제 유형	제1과제 (40분)		제2과제 (40분)	
	뷰티 메이크업		시대 메이크업	
작업대상	모델			
세부과제	① 웨딩(로맨틱)	② 웨딩(클래식)	① 현대1 – 1930 (그레타 가르보)	② 현대2 – 1950 (마릴린 먼로)
	③ 한복	④ 내츄럴	③ 현대3 – 1960 (트위기)	④ 현대4 – 1970~1980 (펑크)
배점	30		30	

과제 유형	제3과제 (50분)	제4과제 (25분)
	캐릭터 메이크업	속눈썹 익스텐션 및 수염
작업대상	모델	마네킹
세부과제	① 이미지(레오파드) ② 무용(한국) ③ 무용(발레) ④ 노인(추면)	① 속눈썹 익스텐션(왼쪽) ② 속눈썹 익스텐션(오른쪽) ③ 미디어 수염
배점	25	15

※ 총 4과제로 시험 당일 각 과제가 랜덤 선정되는 방식으로 아래와 같이 선정

   1과제 : ①~④ 과제 중 1과제 선정   2과제 : ①~④ 과제 중 1과제 선정

   3과제 : ①~④ 과제 중 1과제 선정   4과제 : ①~③ 과제 중 1과제 선정

※ 각 과제 작업 종료 후 다음 과제를 위한 준비시간이 부여될 예정이며, 1, 2과제 작업 후 클렌징 및 세안(준비시간 내) 진행

수험자 유의사항

아래 사항을 준수하여 실기시험에 임하여 주십시오. 만약 이러한 여러 가지 사항을 지키지 않을 경우, 시험장의 입실 및 수험에 제한을 받는 불이익이 발생할 수 있다는 점 인지하여 주시고, 시험위원의 지시가 있을 경우, 다소 불편함이 있더라도 적극 협조하여 주시기 바랍니다.

① 수험자와 모델은 감독위원의 지시에 따라야 하며, 지정된 시간에 시험장에 입실해야 합니다.
② 수험자는 수험표 또는 신분증(본인임을 확인할 수 있는 사진이 부착된 증명서)을 지참해야 합니다.
③ 수험자는 반드시 반팔 또는 긴팔 흰색 위생복(1회용 가운 제외)을 착용하여야 하며 복장에 소속을 나타내거나 암시하는 표식이 없어야 합니다.
④ 수험자 및 모델은 눈에 보이는 표식(예 : 네일 컬러링, 디자인 등)이 없어야 하며, 표식이 될 수 있는 액세서리(예 : 반지, 시계, 팔찌, 발찌, 목걸이, 귀걸이 등)를 착용할 수 없습니다.
⑤ 수험자 또는 모델은 스톱워치나 핸드폰을 사용할 수 없습니다.
⑥ 모든 수험자는 함께 대동한 모델에 작업해야 하고 모델을 대동하지 않을 시에는 과제에 응시할 수 없습니다.
　※ 모델 기준 : 만 14세 이상~만 55세 이하(연도 기준)
　※ 모델은 사전에 메이크업이 되어 있지 않은 상태로 시험에 임하여야 합니다.
　※ 수험자가 동반한 모델도 신분증을 지참하여야 하며, 공단에서 지정한 신분증을 지참하지 않은 경우, 모델로 시험에 참여가 불가능합니다.
⑦ 수험자는 시험 중에 관리상 필요한 이동을 제외하고 지정된 자리를 이탈하거나 모델 또는 다른 수험자와 대화할 수 없습니다.
⑧ 과제별 시험 시작 전 준비시간에 해당 시험 과제의 모든 준비물을 작업대에 세팅하여야 하며, 시험 중에는 도구 또는 재료를 꺼내는 경우 감점 처리합니다.
⑨ 지참하는 준비물은 시중에서 판매되는 제품이면 무방하며, 브랜드를 따로 지정하지 않습니다.
⑩ 지참하는 화장품 등은 외국산, 국산 구별 없이 시중에서 누구나 쉽게 구입할 수 있는 것을 지참(수험자가 평소 사용하던 화장품도 무방함)하도록 합니다.
⑪ 수험자가 도구 또는 재료에 구별을 위해 표식(스티커 등)을 만들어 붙일 수 없습니다.
⑫ 수험자는 위생봉투(투명비닐)를 준비하여 쓰레기봉투로 사용할 수 있도록 작업대에 부착합니다.
⑬ 매 과장별 요구사항에 여러 가지 형이 있는 경우에는 반드시 시험위원이 지정하는 형을 작업해야 합니다.
⑭ 매 작업과정 시술 전에는 준비 작업시간을 부여하므로 시험위원의 지시에 따라 행동하고, 각종 도구도 잘 정리 정돈한 다음 작업에 임하며, 과제 시작 전 사용에 적합한 상태를 유지하도록 미리 준비(작업대 세팅 및 모델 터번 착용 등) 합니다.

⓯ 시험 종료 후 지참한 모든 재료는 가지고 가며, 주변 정리 정돈을 끝내고 퇴실토록 합니다.

⓰ 제시된 시험시간 안에 모든 작업과 마무리 및 작업대 정리 등을 끝내야 하며, 시험시간을 초과하여 작업하는 경우는 해당 과제를 0점 처리합니다.

⓱ 각 과제별 작업을 위한 모델의 준비가 적합하지 않을 경우 감점 혹은 과제 0점 처리될 수 있습니다.

⓲ 시험 종료 후 시험위원의 지시에 따라 마네킹에 작업된 4과제 작업분을 변형 혹은 제거한 후 퇴실하여야 합니다.

⓳ 각(1~3)과제 종료 후 다음 과제 준비시간 전에 시험위원의 지시에 따라 클렌징 제품 및 도구를 사용하여 완성된 과제를 제거하고 다음 과제 작업 준비를 해야 합니다.

⓴ 작업에 필요한 각종 도구를 바닥에 떨어뜨리는 일이 없도록 하여야 하며, 특히 눈썹칼, 가위 등을 조심성 있게 다루어 안전사고가 발생되지 않도록 주의해야 합니다.

㉑ 채점 대상 제외 사항
① 시험의 전체 과정을 응시하지 않은 경우
② 시험도중 시험장을 무단으로 이탈하는 경우
③ 부정한 방법으로 타인의 도움을 받거나 타인의 시험을 방해하는 경우
④ 무단으로 모델을 수험자 간에 교체하는 경우
⑤ 국가기술자격법상 국가기술자격 검정에서의 부정행위 등을 하는 경우
⑥ 수험자가 위생복을 착용하지 않은 경우
⑦ 수험자가 유의사항 내의 모델 조건에 부적합한 경우
⑧ 요구사항 등의 내용을 사전에 준비해 온 경우(예 : 눈썹을 미리 그려 온 경우, 수염 과제를 미리 해 온 경우, 턱 부위에 밑그림을 그려온 경우, 속눈썹(J컬)을 미리 붙여 온 상태 등)
⑨ 마네킹을 지참하지 않은 경우

㉒ 시험응시 제외 사항
① 모델을 데려오지 않은 경우

㉓ 오작 사항
① 요구된 과제가 아닌 다른 과제를 작업하는 경우
(예 : 웨딩(로맨틱) 메이크업을 웨딩(클래식) 메이크업으로 작업한 경우 등)
② 작업 부위를 바꿔서 작업하는 경우
(예 : 마네킹(속눈썹)의 좌우를 바꿔서 작업하는 경우 등이 해당함)

㉔ 득점 외 별도 감점 사항
① 수험자의 복장상태, 모델 및 마네킹의 사전 준비상태 등 어느 하나라도 미준비하거나 사전준비 작업이 미흡한 경우
② 필요한 기구 및 재료 등을 시험 도중에 꺼내는 경우
③ 문신 및 반영구 메이크업(눈썹, 아이라인, 입술) 및 속눈썹 연장을 한 모델을 대동한 경우
④ 눈썹염색 및 틴트 제품을 사용한 모델을 대동한 경우

수험자 유의사항

㉕ 미완성 과제
 ① 4과제 속눈썹 익스텐션 작업 시 최소 40가닥 이상의 속눈썹(J컬)을 연장하지 않은 경우
 ② 4과제 미디어 수염 작업 시 콧수염과 턱수염 중 어느 하나라도 작업하지 않은 경우
  ※ 타월류의 경우는 비슷한 크기이면 가능합니다.
  ※ 아트용 컬러, 물통, 아트용 브러시, 바구니(흰색), 더마왁스, 실러(메이크업 용), 홀더(마네킹) 및 수험자 지참준비물 중 기타 필요한 재료의 추가 지참은 가능합니다(송풍기, 부채 등은 지참 및 사용 불가).
  ※ 공개문제 및 수험자 지참 준비물에 언급된 도구 및 재료 중 기타 실기시험에서 요구한 작업 내용에 영향을 주지 않는 범위 내에서 수험자가 메이크업 미용 작업에 필요하다고 생각되는 재료 및 도구 등(예 : 아이섀도(크림 · 펄 타입 등)류, 브러시류, 핀셋류 등)은 더 추가 지참할 수 있습니다.
  ※ 소독제를 제외한 주요 화장품을 덜어서 가져오시면 안되며 정품을 사용해야 합니다.
  ※ 미용사(메이크업) 실기시험 공개 문제(도면)의 헤어스타일(업스타일, 흰머리 표현 등 불가) 및 장신구(티아라, 비녀 등 지참 불가), 써클 · 컬러렌즈(모델 착용 불가), 헤어컬러링 상태 등은 채점 대상이 아니며 대동모델에게 착용 등이 불가합니다.

수험자 지참 재료목록

일련번호	지참 공구명	규격	단위	수량	비고
1	모델		명	1	모델기준 참조
2	위생 가운	긴팔 또는 반팔, 흰색	개	1	시술자용 (1회용 가운 불가)
3	눈썹 칼	눈썹정리용	개	1	메이크업용 미사용품
4	브러시 세트	메이크업용	SET	1	
5	어깨보	메이크업용, 흰색	개	1	모델용
6	스펀지 퍼프	메이크업용	개	필요량	메이크업용 미사용품
7	분첩	메이크업용	개	1	메이크업용 미사용품
8	뷰러	메이크업용	개	1	메이크업용
9	타월	40×80cm 내외 정도, 흰색	개	필요량	작업대 세팅용, 세안용
10	소독제	액상 또는 젤	개	1	도구·피부 소독용
11	탈지면 용기		개	1	뚜껑이 있는 용기
12	탈지면(미용솜)		개	필요량	
13	미용티슈		개	필요량	미용용
14	면봉		개	필요량	미용용
15	족집게		개	1	눈썹관리용
16	터번(헤어밴드)		개	1	흰색
17	아이섀도 팔레트	단품 제품 지참 가능	SET	1	메이크업용
18	립 팔레트	단품 제품 지참 가능	SET	1	메이크업용
19	메이크업 베이스		개	1	메이크업용
20	페이스 파우더		개	1	메이크업용
21	아이라이너	브라운색, 검은색	개	각 1	타입 제한 없음
22	파운데이션	리퀴드, 크림, 스틱 제형 등 (에어졸 제품 불가)	SET	1	하이라이트, 섀도 베이스 컬러용 등

수험자 지참 재료목록

일련번호	지참 공구명	규격	단위	수량	비고
23	마스카라		개	1	
24	아이브로 펜슬		개	1	
25	인조속눈썹		SET	필요량	
26	위생봉투(투명비닐)		개	1	쓰레기처리용, 고정용 테이프 포함
27	스파츌라		개	1	메이크업용
28	수염(가공된 상태)	검은색	SET	1	생사 또는 인조사
29	속눈썹 가위		개	1	눈썹 관리용
30	고정 스프레이 (일반 스프레이)		개	1	수염 관리용
31	수염 접착제(스프리트 검 또는 프로세이드)		개	1	수염 관리용
32	가위		개	1	수염 관리용
33	핀셋		개	1	수염 관리용
34	빗(꼬리빗 또는 마이크로 브러시)		개	1	수염 관리용
35	가제수건	(물에 젖은 상태)	개	1	거즈, 물티슈 대용 가능
36	글루	공인인증기관으로부터 자가번호를 부여받은 제품	개	1	공인인증제품
37	글루판		개	1	속눈썹 관리용
38	속눈썹(J컬)	J컬 타입 (8, 9, 10, 11, 12mm)	SET	필요량	두께 0.15~0.2mm
39	마네킹(5~6mm 인조 속눈썹이 50가닥 이상이 부착된 상태)	얼굴 단면용	개	1	속눈썹 관리 및 수염 관리용 (홀더 추가지참가능)
40	핀셋		개	2	속눈썹 관리용
41	아이패치	속눈썹 관리용	개	1	흰색, 테이프 불가
42	우드 스파츌라	속눈썹 관리용	개	필요량	속눈썹 관리용 미사용품

일련번호	지참 공구명	규격	단위	수량	비고
43	전처리제	속눈썹 관리용	개	1	속눈썹 관리용
44	속눈썹 빗	속눈썹 관리용	개	1	속눈썹 관리용
45	속눈썹 접착제	공인인증기관으로부터 자가번호를 부여받은 제품	개	1	공인인증제품
46	속눈썹 판		개	1	속눈썹 관리용
47	클렌징 제품 및 도구	클렌징 티슈, 해면, 습포 등	개	필요량	메이크업 제거용
48	메이크업 팔레트 (플레이트 판)		개	1	믹싱용

메이크업 세트

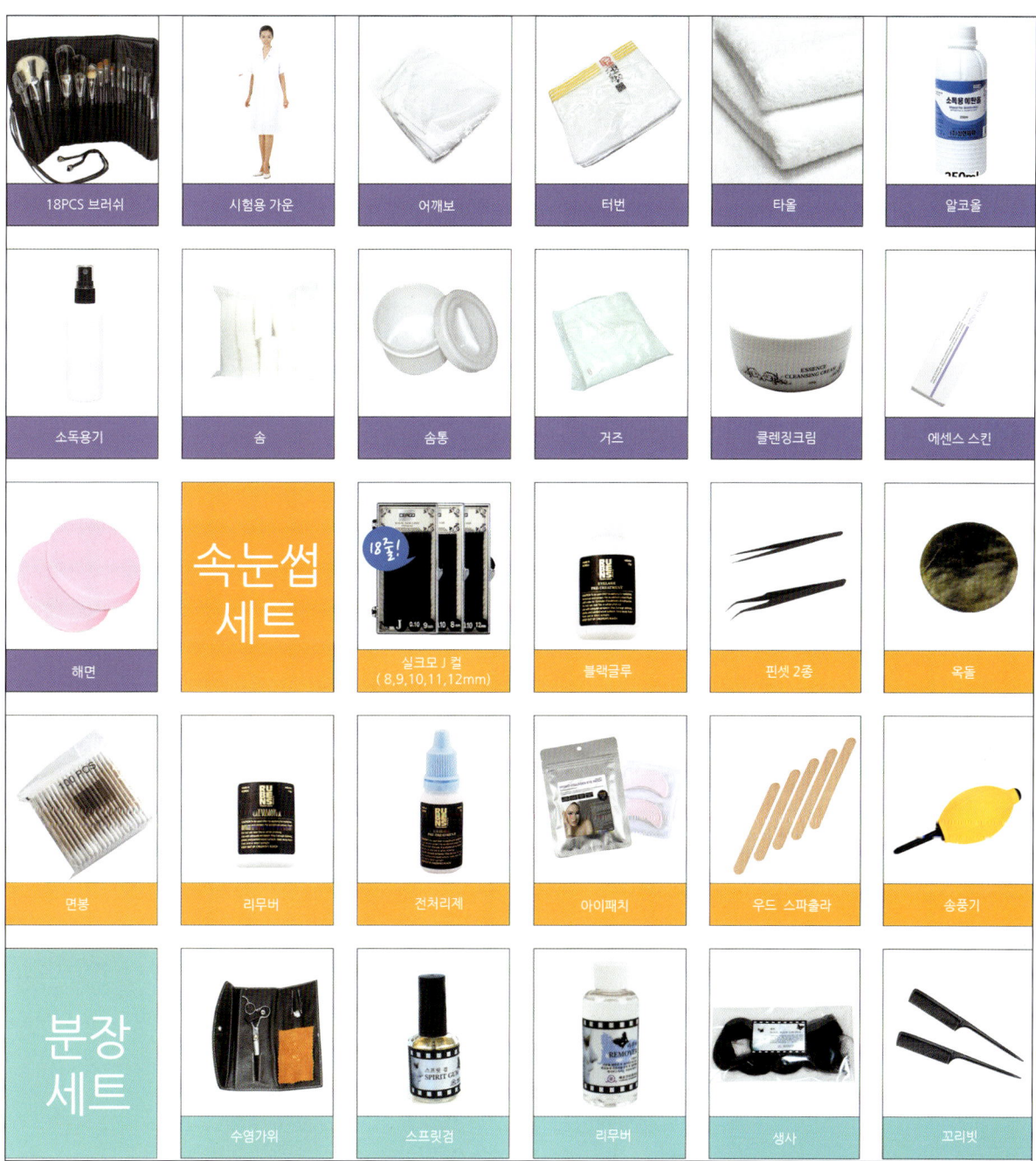

공개문제 및 지참준비물 관련 FAQ

Q1. 미용사(메이크업) 실기시험의 과제 구성은 어떻게 됩니까?

A1. 미용사(메이크업) 실기시험은 실기시험 관련사항 알림에 공개된 바와 같이
- 1과제 「뷰티 메이크업」: ① 웨딩(로맨틱), ② 웨딩(클래식), ③ 한복, ④ 내츄럴
- 2과제 「시대 메이크업」: ① 그레타 가르보, ② 마릴린 먼로, ③ 트위기, ④ 펑크
- 3과제 「캐릭터 메이크업」: ① 레오파드, ② 무용(한국), ③ 무용(발레), ④ 노인
- 4과제 「속눈썹 익스텐션 및 수염」: ① 속눈썹 익스텐션(왼쪽), ② 속눈썹 익스텐션(오른쪽), ③ 미디어 수염의 4과제로 구성되어 시험이 시행됩니다.

세부과제로 1과제 : 뷰티 메이크업 ①~④ 과제 중 1과제 선정, 2과제 : 시대 메이크업 ①~④ 과제 중 1과제 선정, 3과제 : 캐릭터 메이크업 ①~④ 과제 중 1과제 선정, 4과제 : ①~③ 과제 중 1과제 선정, 총 4과제로 시험 당일 각 세부 과제가 랜덤 선정되는 방식입니다. 공개문제 등은 수정사항이 생기는 경우 새로 등재되므로 정기적으로 확인을 하셔야 합니다.

Q2. 과제별 시험 시간은 어떻게 됩니까?

A2. 시험시간은 전체 2시간 35분(순수작업시간 기준)이며, 각 과제별 시험시간은 1과제 40분, 2과제 40분, 3과제 50분, 4과제 25분이고, 각 과제 사이에 10~15분 정도의 준비시간이 주어집니다.

Q3. 과제별 시험 배점은 어떻게 됩니까?

A3. 전체 100점으로, 각 과제별 배점은 1과제 30점, 2과제 30점, 3과제 25점, 4과제 15점입니다.

Q4. 과제별 작업 대상은 어떻게 됩니까?

A4. 각 과제별 대상부위는 1, 2, 3과제는 모델의 얼굴에, 4과제는 마네킹에 작업을 합니다.

Q5. 기존의 민간 협회 등의 경우 협회에 따라 메이크업 작업 방법이 다르고 또 업소나 사람마다 행하는 시술방법이 다른 것 같은데 어떤 것을 기준으로 하게 되나요?

A5. 미용사(메이크업) 종목은 기능사 등급의 시험으로 메이크업 미용사의 업무를 행하기 위한 기본적인 동작과 시술을 보는 것이기 때문에 각 협회나 업소에 따른 특별한 시술법을 요구하지 않습니다. 작업부위별 숙련도 및 기법, 완성상태 등을 중점으로 채점하는 것을 기본 방향으로 하고 있습니다.

Q6. 모델의 조건은 어떻게 되나요?

A6. 모델은 수험자가 대동하고 와야 하며 자신이 데려온 모델은 자신이 작업하게 됩니다. 만 14세 이상~만 55세 이하(년도 기준)으로 사전에 메이크업이 되어 있지 않은 상태로 시험에 임하여야 합니다. 또한, 대동하는 모델의 연령제한에 따라 모델은 공단에서 지정한 신분증을 지참해야 합니다.

Q7. 수험자의 복장 기준은 어떻게 되나요?

A7. 수험자는 반드시 반팔 또는 긴팔 흰색 위생복(일회용 가운 제외)을 착용하여야 하며 복장에 소속을 나타내거나 암시하는 표식이 없어야 합니다. 또한, 위생복 안의 옷이 위생복 밖으로 절대 나오지 않아야 합니다. 눈에 보이는 표식(예 : 네일 컬러링, 디자인 등)이 없어야 하며, 표식이 될 수 있는 액세서리(예 : 반지, 시계, 팔찌, 발찌, 목걸이, 귀걸이 등)를 착용할 수 없습니다.

Q8. 모델의 복장 기준은 어떻게 되나요?

A8. 모델은 수험자와 마찬가지로 눈에 보이는 표식(예 : 네일 컬러링, 디자인 등)이 없어야 하며, 표식이 될 수 있는 액세서리(예 : 반지, 시계, 팔찌, 발찌, 목걸이, 귀걸이 등)를 착용할 수 없습니다. 또한, 머리카락 고정용품(머리핀, 머리띠, 머리망, 고무줄 등)을 착용할 경우 검은색만 허용하며, 써클 렌즈나 컬러 렌즈 등의 착용이 불가합니다.

Q9. 시험 시작 전 모델의 준비상태는 어떻게 되나요?

A9. 모델은 과제 시작 전 본인의 모발 색상을 가릴 수 있는 흰색의 터번(헤어밴드) 및 착용한 상의 색상을 가릴 수 있는 어깨보를 착용한 상태로 준비합니다.

Q10. 수험자나 모델의 손에 작은 타투가 있거나 모발을 탈색했을 경우 등에는 시험 응시에 제한이 되나요?

A10. 문신, 헤너 등이 있거나 모발을 탈색한 수험자나 모델은 별도의 감점사항 없이 시험에 응시가 가능합니다. 또한 모델의 헤어 컬러링 상태가 눈에 띄거나 탈색 모발일 경우, 헤어 터번을 넓은 종류로 선택 착용하여 가린 후 응시하면 됩니다.

Q11. 우드 스파츌라와 고정 스프레이의 사용 용도는 어떤가요?

A11. 우드 스파츌라는 4과제 속눈썹 익스텐션 시 전처리제가 눈에 들어가지 않도록 속눈썹을 받치는 용도로 사용하며, 고정 스프레이는 4과제 미디어 수염 시 작업 후 완성된 수염을 고정하는 용도로 일반 헤어 스프레이도 사용 가능합니다.

Q12. 화장품은 어떤 형태로 가져와야 합니까?

A12. 화장품은 판매되는 제품으로 가셔오시면 되고, 사용하시던 것도 무방하지만 덜어오시는 것은 안 됩니다. 단, 지참재료목록상 팔레트 제품(아이섀도, 립) 및 용기가 언급되어 있는 소독제는 용기에 담겨진 형태로 덜어서 지참이 가능합니다(별도의 라벨링 작업이 불가함).

Q13. 시판용 재료나 외국산 재료를 사용해도 되나요?

A13. 지참목록상의 기구 및 화장품은 위생상태가 양호한 것으로 브랜드를 차별하지 않습니다. 같은 회사의 라인으로 통일시킬 필요도 없으며, 시판용 재료나 외국산 재료 등도 모두 사용 가능합니다. 또한, 성분에 따른 제품의 종류에 특별한 제한을 두지는 않습니다.

Q14. 소독제는 어떻게 준비하나요?

A14. 펌프식 혹은 스프레이식의 용기 등에 알코올 등의 소독제를 넣어 오시면 되고 이것은 화장솜 등에 묻혀 화장품, 기구 혹은 손 등의 소독 시에 사용됩니다. 그리고 스프레이식을 사용하여 소독하는 것에 대한 감점 등의 사항은 없습니다.

Q15. 타월은 제시된 규격대로만 준비해야 합니까?

A15. 지참재료목록상의 40×80cm 내외는 시험장 작업대의 크기(폭 45cm×길이 120cm×높이 74cm 이상)를 고려한 사이즈로 타월의 사이즈가 더 클 경우 본인의 작업에 불편을 초래할 수도 있으므로 공지된 규격에 맞추어 준비해오시기를 권장하며, 필요시 타월 2장 이상을 겹쳐서 작업대에 세팅하셔도 됩니다.

Q16. 탈지면 용기의 재질 및 색상은 어떤 것이어야 하나요?

A16. 탈지면 용기는 뚜껑이 있는 것으로 재질은 금속, 플라스틱, 유리 모두 허용되므로 본인이 사용하기에 편리한 재질로 준비하면 됩니다.

Q17. 기타 자신이 가지고 오고 싶은 도구를 가져오는 것은 가능한가요?

A17. 공개문제 및 수험자 지참 준비물에 언급된 도구 및 재료 중 기타 실기시험에서 요구한 작업 내용에 영향을 주지 않는 범위 내에서 수험자가 메이크업 작업에 필요하다고 생각되는 재료 및 도구 등은(예 : 아이섀도(크림·펄 타입 등)류, 브러시류, 핀셋류 등) 더 추가 지참할 수 있습니다(단, 공개문제 및 수험자지참준비물에 언급된 재료 및 도구 이외에 작업의 결과에 영향을 줄 수 있는 제3의 도구(브러시 수납 벨트, 앞치마 등) 및 재료의 지참은 불가능합니다). 또한, 더마왁스, 실러, 아쿠아 컬러의 경우 필요 시 추가로 지참하여 사용 가능합니다.

Q18. 4과제에 사용하는 마네킹은 어떻게 준비해야 하나요?

A18. 지참재료 목록상 1개로 공지된 마네킹은 시중의 속눈썹 연장 시 사용되는 눈을 감은 마네킹에 속눈썹 익스텐션 및 미디어 수염 등의 작업을 모두 하는 것이 가능하며, 필요한 경우 속눈썹 연장 시 사용하는 눈을 감은 마네킹과 수염 마네킹을 각각 1개씩 지참하는 것도 가능합니다. 또한 시중에 판매되고 있는 얼굴 1면에 속눈썹 연장과 수염 관리를 함께 작

업할 수 있는 마네킹도 사용 가능합니다. 다만, 지참하는 마네킹은 사전에 5~6mm 정도의 인조 속눈썹이 50가닥 이상이 부착된 상태로 준비하셔야 합니다.

Q19. 일회용품 등은 어떻게 사용하고 폐기하나요?

A19. 눈썹칼, 스펀지 퍼프, 분첩 등은 1과제 시 새것으로 지참하여 다음 과제 시 계속 사용 가능하며, 우드 스파츌라, 면봉, 탈지면(미용솜) 등은 새것으로 지참하여 사용 후 폐기합니다.

Q20. 아이섀도 팔레트 및 립 팔레트는 반드시 팔레트 형태로만 지참해야 하나요?

A20. 아이섀도 팔레트 및 립 팔레트는 팔레트 형태가 아닌 단품류의 제품도 사용 가능하며, 색상 및 수량 등은 본인의 필요에 따라 제한 없이 추가 지참하면 됩니다.

Q21. 스틱 파운데이션이나 컨실러 등을 추가 지참해도 되나요?

A21. 페이스 파우더, 메이크업 베이스, 파운데이션 등은 본인의 색상 및 제형, 수량 등의 제한 없이 본인의 필요에 따라 추가 지참 가능하며, 파운데이션류인 스틱 파운데이션 및 컨실러 등도 추가 지참 가능합니다. 단, 에어졸 타입으로 분사하여 사용하는 파운데이션류는 사용이 불가합니다.

Q22. 4과제 미디어 수염 과제 시 수염 및 수염 접착제 등은 어떻게 준비해야 하나요?

A22. 수염은 검은색의 생사 또는 인조사를 작업하기에 적합하게 사전에 가공하여 시험 시간 내에 마네킹에 붙이시면 됩니다. 수염 접착제는 스프리트 검이나 프로세에이드를 사용해야 합니다.

Q23. 4과제 속눈썹 익스텐션 과제 시 연장할 속눈썹 및 글루, 속눈썹을 붙일 때 사용하는 속눈썹 접착제 등은 어떻게 준비해야 하나요?

A23. 속눈썹은 J컬 타입으로 8, 9, 10, 11, 12mm를 모두 지참하되 마네킹에 사전에 붙여온 인조속눈썹과 속눈썹(J컬)을 1:1로 연장하여 완성된 속눈썹(J컬) 개수가 40개 이상이 되도록 작업합니다. 글루 및 속눈썹 접착제는 화학물질 등록 및 평가에 관한 법률에 근거하여 유해우려 물질로 분류되어 그 인증절차가 조정되었으므로 반드시 국가공인 인증기관으로부터 자가 검사 번호를 부여받은 제품을 사용해야 합니다.

Q24. 각 과제별 작업 시 시간을 확인하고 싶은데 스톱워치 등의 추가 지참이 가능한가요?

A24. 스톱워치나 손목시계 등은 공지된 바와 같이 지참이 불가능하며, 작업 시간은 검정장 안에 있는 벽시계를 보시고 확인하시기 바랍니다. 또한 검정장의 본부요원 등이 시험 당일 시험 종료 5~10분 전 등을 미리 안내합니다.

Q25. 기존 민간자격검정과 같이 제품에 라벨링을 해도 되나요?

A25. 수험자가 도구 또는 재료에 구별을 위해 표식(스티커 등)을 만들어 붙일 수 없으므로 재료에 상표 이외에 별도로 라벨링을 하는 것은 표식으로 간주되어 채점 시 불이익이 있으므로 삼가시기 바랍니다.

Q26. 1과제부터 4과제의 전체 재료를 한 번에 세팅하고 작업해도 되나요?

A26. 전체 재료를 한번에 세팅하시면 작업대가 비좁아 과제 수행이 어렵습니다. 과제별 재료의 세팅은 시험 시작 전 각 과제를 과제별로 본인이 미리 세팅하신 후 각 과제 시마다 세팅된 재료를 사용하시면 되며, 각 과제 시 중복 사용되는 재료(소독제, 미용티슈, 분첩 등)은 1과제 세팅된 부분을 연속적으로 사용 가능합니다.

Q27. 준비시간 내에 대동모델의 메이크업 제거를 어떻게 해야 하나요?

A27. 1, 2과제 종료 후 각 과제 준비시간 전에 본부요원의 지시에 따라 클렌징 제품 및 도구를 사용하여 완성된 과제를 제거하고 다음 과제의 작업 준비를 해야 합니다. 3과제 종료 후에는 4과제 준비시간 전에 본부요원의 지시에 따라 클렌징 제품 및 도구를 사용하여 완성된 과제를 변형 혹은 제거하고 4과제 작업 준비를 해야 합니다. 준비시간은 15분 내외로

주어지며, 클렌징 티슈 및 클렌징 로션 등의 클렌징 제품으로 신속히 작업분을 제거한 후 사전에 준비해 온 해면, 습포 등을 병행사용 가능하며, 메이크업 제거 후 대동 모델이 사용할 스킨, 토너, 영양 크림 등의 기초 화장품은 수험자가 추가로 지참하여 시간 내에 사용하신 후 다음 과제를 준비하면 됩니다.

Q28. 공개문제 요구사항의 내용 순서대로 작업해야 하나요?

A28. 공개문제 요구사항의 내용은 작업 시 요구되는 내용을 명시한 것으로 수험자의 메이크업 테크닉에 따라 시술방법에 차이가 있으므로 작업순서와는 무관합니다. 단, 피부 표현 전에 아이 메이크업을 하는 등의 상식적으로 어긋난 작업 시 작업의 숙련도 등에서 낮은 득점이 됨을 참고바랍니다.

Q29. 작업 시 팔레트(플레이트 판) 대신 손등을 활용하거나 브러시 대신 손가락 등을 사용해도 되나요?

A29. 메이크업 시 파레트 이외에 손등을 활용하거나 브러시 이외의 손가락 등을 사용하여도 가능하나 기본적으로 파레트에서 믹싱을 하는 것이 기본이며, 브러시나 퍼프 사용 등도 숙련도 평가대상이므로 손등이나 손가락만을 이용하여 작업하는 것은 지양해야 합니다. 또한, 작업 시 새끼손가락 등에 퍼프를 끼우는 등의 작업 방식은 테크닉적인 측면에서의 별도 제한은 없으므로 허용이 됩니다.

Q30. 앉아서 작업해도 되나요?

A30. 기본적으로 시험장에 수험자용과 모델용의 의자가 구비되어 있으므로 모델은 의자에 앉은 상태로 작업을 하고, 수험자는 메이크업 테크닉에 따라 앉거나 서서 작업할 수 있습니다.

Q31. 작업 시 출혈이 나면 어떻게 해야 하나요?

A31. 작업 시 출혈이 있는 경우 소독된 탈지면으로 소독한 후 작업하셔야 합니다.

Q32. 공개문제의 일러스트 도면 외에 모델에게 작업한 사진을 공개해 줄 수는 없나요?

A32. 사진 모델의 이미지에 따라 제시된 이미지가 달라질 수 있으며 각 과제당 한 모델을 지정하여 작업하는 방식은

과거 전문 모델의 동의를 얻어 공개된 미용사(피부)의 사전 메이크업 예시 사진과는 달리 과제 전체를 공개해야 하며 개인 정보가 강화된 현재의 상황에서 해당 시험문제의 공개도면을 모델에게 작업한 사진으로 대체하는 사항은 개인의 초상권 침해 및 예산 등의 사항으로 적용이 어려운 부분임을 널리 양해 바랍니다.

Q33. 공개문제에 사용되는 컬러와 기법 등을 지정 및 명시해 줄 수 없나요?

A33. 미용사(메이크업) 종목은 기능사 등급의 시험이므로 아트적인 측면에서 접근하는 방식이 아닌 메이크업 미용사의 업무를 행하기 위한 기본적인 동작과 시술을 보는 데 중점을 두고 있습니다. 공개문제에서 요구한 컬러의 경우 정확하게 일치하지 않더라도 비슷하거나 유사한 계통의 색상을 사용해도 무방하며, 제시한 요구사항 및 도면과 최대로 유사한 이미지의 메이크업을 완성하시면 됩니다. 또한, 공개문제에서 요구 및 제시하지 않은 사항은 작업 시 특별한 제한을 두지 않은 사항임을 참고하시기 바라며 수험자의 메이크업 테크닉 및 사용 제품 등에 제한을 둘 수 없으므로 특정한 컬 컬러와 기법 등을 지정하는 것은 불가합니다.

Q34. 속눈썹 익스텐션 작업 시 연장할 속눈썹(J컬)을 이마, 손등 등에 올려놓고 사용해도 되나요?

A34. 속눈썹 익스텐션 작업 시 연장할 속눈썹(J컬)은 신체 부위에 올려놓고 사용하면 안되며 수험자 지참준비물에 추가된 속눈썹 판에 올려놓고 작업해야 합니다.

Q35. 미디어 수염 작업 시 가위를 사용해도 되나요?

A35. 미디어 수염 작업 시 가위 사용은 가능하며, 마네킹에 사전 가공된 상태의 수염을 붙인 후 가위를 사용하여 수염의 길이와 모양을 다듬는 용도 등으로 사용하시면 됩니다.

Q36. 문신 및 반영구 메이크업 이외에 눈썹염색, 속눈썹 연장을 한 경우 대동모델 조건으로 가능한가요?

A36. 사전에 대동모델의 눈썹 정리 등은 가능하며, 문신 및 반영구 메이크업, 눈썹 염색 및 틴트 제품 등을 사용해 온 경우 모사전에 대동모델의 눈썹 정리 등은 가능하며, 문신 및 반영구 메이크업, 눈썹 염색 및 틴트 제품 등을 사용해 온 경우 모델 대동은 가능하나, 감점사항에 해당됩니다.

Q37. 속눈썹 익스텐션 시 사용하고 난 나무 스파출라는 어떻게 처리하나요?

A37. 속눈썹 익스텐션 시 전처리제가 눈에 들어가지 않도록 속눈썹 아래에 받치는 용도 등으로 사용되는 나무 스파출라는 사용 후 폐기하시면 됩니다.

※ 지참준비물은 문제의 변경이나 기타 다른 사유로 수량 및 품목 등이 변경될 수도 있으니 정기적인 확인을 부탁드립니다.
※ 기타 세부 사항은 공단 홈페이지(http://www.q-net)의 「고객지원 - 자료실 - 공개문제」에 공개되어 있는 내용을 참고하시기 바랍니다.

소독하기

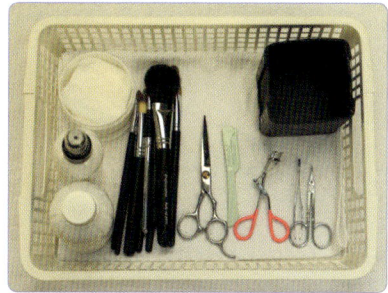

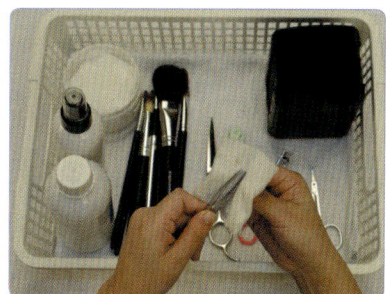

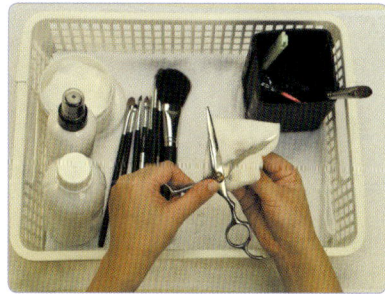

국가기술자격 실기시험 과제를 수행하기 전 수험자의 손 및 도구류를 소독합니다.
소독하기는 모든 과제의 첫 번째 단계로 국가기술자격 실기시험에서 중요하게 다루어지고 있습니다.

CONTENTS

과제 1 | 뷰티 메이크업
1 웨딩(로맨틱) 32
2 웨딩(클래식) 44
3 웨딩(한복) 56
4 웨딩(내츄럴) 68

과제 2 | 시대 메이크업
현대1 1930년(그레타 가르보) 84
현대2 1950년(마릴린 먼로) 94
현대3 1960년(트위기) 104
현대4 1970~1980년(펑크) 114

과제 3 | 캐릭터 메이크업
1 이미지(레오파드) 128
2 무용(한국) 138
3 무용(발레) 148
4 노인(추면) 160

과제 4 | 속눈썹 익스텐션 및 수염
1 속눈썹 익스텐션(왼쪽) 172
2 속눈썹 익스텐션(오른쪽) 176
3 미디어 수염 180

이 책의 활용 방법

STEP 1
완성 사진과 함께 요구사항과 수험자 유의사항을 보고 시험 패턴을 이해한다.

STEP 2
단계별 사진과 자세한 설명, 일러스트를 통한 섬세한 메이크업 테크닉을 익힌다.

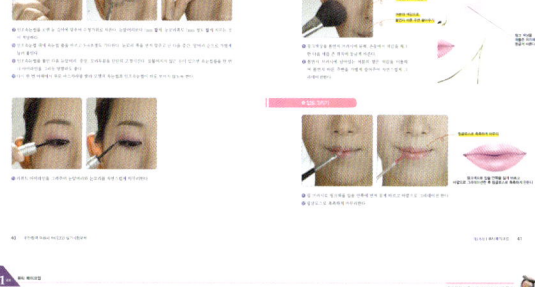

STEP 3
실제 모델의 Before와 After 상태 비교와 패턴의 중요 요구사항, 도면을 한눈에 보고 정리한다.

이 책의 특징

1. NCS 미용분야 WG 심의위원, NCS 메이크업 학습모듈 개발진 저자가 집필하여 정확합니다.
2. 수험생의 눈높이에서 다양하게 활용할 수 있도록 구성하였습니다.
3. 자세한 단계별 사진과 일러스트를 자료를 활용하여 섬세하게 메이크업 테크닉을 지도합니다.

1 과제

뷰티 메이크업

1 웨딩(로맨틱)
2 웨딩(클래식)
3 한복
4 내츄럴

작업시간	40분	작업대상	모델
배점	30점	세부과제	4과제 중 1과제 선정

웨딩 (로맨틱)

웨딩 (클래식)

한복

내츄럴

1 과제 뷰티 메이크업

뷰티메이크업은 각 개인의 얼굴 형태와 구조에 따라 피부 톤, 결점 등을 커버해 아름다움을 추구하는 메이크업이다. 탤런트나 전문 모델뿐만 아니라 일반인들도 결혼식이나 특별한 목적을 위해 아티스트에게 메이크업을 의뢰하게 된다. 뷰티 메이크업은 메이크업을 하는 목적과 시간, 장소에 따라 다양한 메이크업 패턴이 있다.

뷰티 메이크업이란?

뷰티 메이크업은 단어 그대로 본래의 모습을 좀 더 아름답게 표현하는 것으로 테크닉의 기본은 장점을 더욱 살리고 단점은 보완하도록 하는 것이다. 뷰티 메이크업은 평상시 자연스럽게 표현하는 내츄럴 메이크업과 포토 메이크업, 패션 메이크업, 웨딩 메이크업 등이 있다.

웨딩 메이크업

웨딩 메이크업은 메이크업 샵의 업무 중에 매우 큰 비중을 차지하고 있다. 신부와 신랑은 일생에 있어서 가장 행복하고 아름다운 순간을 사진이나 동영상으로 남기게 된다. 그러므로 웨딩 메이크업은 가장 아름다운 모습의 연출을 위해 웨딩에 관련된 여러 가지 상황을 파악하고 감안하는 것이 필요하다.

예전에는 신부 화장이라고 하면 무조건 진하고 두꺼운 화장을 연상했지만 근래에는 신부의 개성을 살리는 자연스러운 메이크업 경향으로 바뀌고 있다. 웨딩 메이크업에서 가장 중요하고 기본적인 것은 피부 표현으로 얼굴이 결점을 확실히 커버하는 한편 예식이 끝날 때까지 화장이 곱게 지속되도록 하는 것이다. 요즘에는 예식장뿐만 아니라 교회나 성당, 야외에서의 예식도 많은 만큼 장소에 맞는 드레스 선택과 메이크업이 뒤따라야 한다. 그리고 신부의 피부 상태와 피부색을 기준으로 하되 얼굴과 드레스 분위기를 고려하여 메이크업을 한다.

로맨틱 메이크업

여성스럽고 사랑스러운 로맨스에 빠진 신부의 느낌으로 메이크업을 표현한다. 피부톤은 조금 밝게 하며, 눈과 입술의 포인트 메이크업은 핑크 계열이 효과적이다.

클래식 메이크업

단아하면서도 고급스럽고 전형적이면서도 기품있는 신부의 느낌으로 메이크업을 연출한다. 눈 화장은 눈두덩이는 피치색으로 하며 깊이 있는 브라운 색감으로 다소 강조하며 눈썹도 다소 짙은 흑갈색으로 눈썹산을 강조하고 펄감을 사용해도 효과적이다.

한복 메이크업

한복은 정갈하고 우아한 아름다움을 나타내는 우리 옷으로 곱고 단아한 모습이 조화를 이룰 때 더욱 돋보인다. 한복 자체만으로도 충분한 화려함과 아름다움을 주기 때문에 메이크업이나 그 밖의 것들이 지나치게 요란하면 한복 자체의 아름다움을 잃기 쉽다. 특히 한복의 섬세한 곡선을 돋보이게 하려면 화장 역시 부드러운 곡선을 살리고 전체적으로 은은한 느낌이 들게 한다.

전통 한복은 양장에 비해 대체로 색상이 화려하므로 지나치게 많은 색조의 사용은 피하는 것이 좋다. 대신 피부색을 조금 밝게 하여 환하고 깨끗한 느낌이 들도록 한다. 또 한복에 지나친 입체 화장은 어색하다. 사진을 찍을 때만 자연스럽게 윤곽 수정을 하도록 한다.

내츄럴 메이크업

화장을 한 듯 만 듯한 자연스러운 메이크업이 전세계적으로 각광을 받고 있다. 맑고 투명한 아름다움을 강조한 내츄럴 메이크업은 초보자들이 손쉽게 할 수 있는 화장이기도 하지만 광고에서의 의도한 내츄럴풍은 가장 많이 쓰이면서도 매우 어려운 메이크업이기도 하다.

동양인의 내츄럴 메이크업은 검은 눈동자와 헤어에 가장 편하게 어울리는 브라운과 베이지톤이며 칙칙해 보이는 것을 막기 위해 밝은 색감을 가미하여 보완하기도 한다.

뷰티메이크업 웨딩 (로맨틱)

 40분　 30점　 모델

요구사항(1과제)

※ 지참재료 및 도구를 사용하여 아래의 요구사항에 따라 뷰티메이크업 웨딩(로맨틱)을 시험시간 내에 완성하시오.

1. 과제를 수행하기 전 수험자의 손 및 도구류를 소독한 후 제시된 도면을 참고하여 웨딩(로맨틱) 메이크업 스타일을 연출하시오.
2. 모델의 피부톤에 적합한 메이크업 베이스를 선택하여 얇고 고르게 펴 바르시오.
3. 모델의 피부보다 한 톤 밝게 표현하시오.
4. 섀딩과 하이라이트 후 파우더를 가볍게 마무리하시오.
5. 모델의 눈썹 모양에 맞추어 흑갈색으로 그리되 눈썹 산이 각지지 않게 둥근 느낌으로 그리시오.
6. 아이섀도는 펄이 약간 가미된 연핑크색으로 눈두덩이와 언더라인 전체에 바르시오.
7. 연보라색 아이섀도로 도면과 같이 아이라인 주변을 짙게 바르고 눈두덩이 위로 자연스럽게 그라데이션한 후 눈꼬리 언더라인 1/2~1/3까지 그라데이션하시오(단, 아이섀도 연출 시 아이홀 라인의 경계가 생기지 않게 그라데이션하시오).
8. 아이라인은 아이라이너로 속눈썹 사이를 메꾸어 그리고 눈매를 아름답게 교정하시오.
9. 뷰러를 이용하여 자연속눈썹을 컬링하시오.
10. 인조속눈썹은 모델 눈에 맞춰 붙이고, 마스카라를 발라주시오.
11. 치크는 핑크색으로 애플존 위치에 둥근 느낌으로 바르시오.
12. 립은 핑크색으로 입술 안쪽을 짙게 바르고 바깥으로 그라데이션한 후 립글로스로 촉촉하게 마무리하시오.

수험자 유의사항

1. 모델은 문신(눈썹, 아이라인, 입술 등), 속눈썹 연장 및 메이크업이 되어 있지 않은 상태이어야 합니다.
2. 스파출라, 속눈썹 가위, 족집게, 눈썹칼 등의 도구류를 사용 전 소독제로 소독해야 합니다.
3. 메이크업 베이스, 파운데이션을 펴 바를 때 스펀지 퍼프 또는 브러시를 사용하시오.
4. 아이섀도, 치크, 립 등의 표현 시 브러시 등 적합한 도구를 사용하시오.
5. 화장품은 요구사항에 지정된 제형 외에는 타입에 상관없이 자유롭게 사용하시오.

1 과제 뷰티 메이크업

🧖 세부 과정

Before

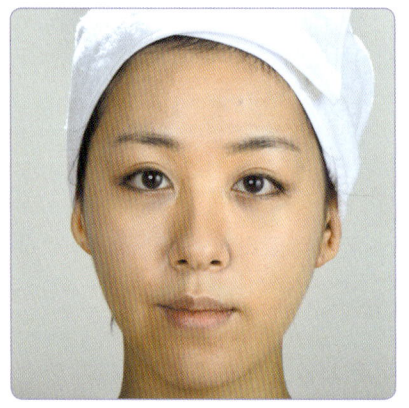

★ 모델준비

눈에 보이는 표식(네일, 컬러링, 디자인 등)이 없어야 하며, 표식이 될 수 있는 액세서리(반지, 시계, 팔찌, 목걸이, 귀걸이 등)를 착용할 수 없다.
터번(헤어밴드)을 착용한다.

★ 소독하기

과제를 시술하기 전에 손과 도구를 소독한다.

❀ 메이크업 베이스 바르기

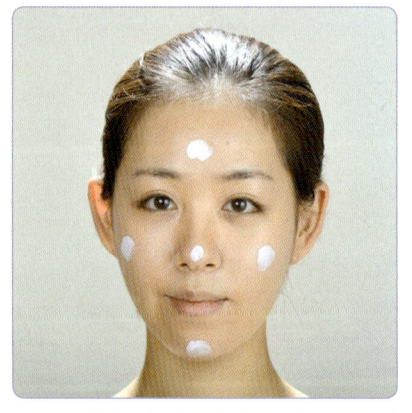

❶ 메이크업 베이스는 0.5g 정도(팥알 정도) 소량을 덜어 양볼, 코, 이마, 턱에 찍어놓은 다음 골고루 펴 바른다. 너무 많이 바르면 파운데이션 화장이 잘 먹지 않는다.

❷ 눈꼬리 부분은 건조하기 쉽고 잔주름이 생기기 쉬운 피부이므로 특히 신경을 써서 세심하게 펴 바른다. 손끝의 지문부분으로 가볍게 토닥이듯 펴 발라도 좋다.

❸ 입술주변에도 신경써서 세심하게 펴 바른다. 입술이 텄을 때는 메이크업 베이스를 바르기 전에 마사지 크림을 듬뿍 발라 마사지하면 입술 위의 각질이 자연스럽게 제거된다.

❹ 눈 밑, 코 양옆 부분도 세심하게 펴 바른다.

❺ 턱선 부분에서 턱밑까지 자연스럽게 그라데이션한다.

완전합격 미용사 메이크업 실기시험문제

❋ 파운데이션 바르기

❶ 파운데이션 묻히기 : 파운데이션을 스펀지에 묻힐 때는 매트의 1/3 가량만 묻혀 사용하는 것이 가장 적당하다.

❷ 슬라이딩 기법으로 : 양 볼을 먼저, 얼굴의 안쪽에서 바깥쪽 방향으로 가볍게 슬라이딩하여 펴 바른다.

❸ 턱 바르기 : 입주위의 턱 부분도 스펀지를 아래에서 위로 눌러주듯 발라주는 것이 잘 발린다.

❹ 콧방울 주위 바르기 : 콧방울 주위는 스펀지의 각진 부분을 이용해서 얇게 바른다. 스펀지의 각진 부분은 세심한 곳을 바르기에 적합하다.

❺ 헤어라인 부분 바르기 : 이마는 미간에서 헤어라인 쪽으로 끌어당기듯 펴 바른다. 잔머리가 난 부분은 스펀지에 묻어있는 여분으로 얇게 펴 바른다.

❻ 눈꺼풀은 세심하게 : 눈꺼풀도 세심하게 손가락 끝의 지문부분으로 토닥토닥 가볍게 두드리듯 세심하게 펴 바른다.

❼ 밀착감 높이기 : 얼굴전체를 스펀지로 가볍게 패딩하여 파운데이션의 피부 밀착감을 높여준다.

제1과제 | 뷰티 메이크업

1 과제 뷰티 메이크업

❖ 윤곽 수정하기

1. 하이라이트 바르기

이마, 콧등, 눈 밑, 팔자주름 부분, 턱 끝

❶ 돌출되어 보이게 하고 싶거나 밝고 넓어보이게 하고 싶은 부분에 파운데이션 색상보다 1~2톤 밝은색으로 바른다. 일반적으로 이마, 콧등, 눈 밑, 팔자주름 부분, 턱 끝 등에 편다.

2. 섀딩 바르기

코 양옆, 볼뼈 밑, 얼굴 외곽부위

❷ 축소되어 보이게 하고 싶거나 어둡고 좁게 보이게 하고 싶은 부분에 파운데이션 색상보다 1~2톤 어두운 색으로 바른다. 일반적으로 섀딩 부위는 코 양옆, 볼뼈 밑, 얼굴 외곽부위 등에 편다.

TIP 파우더 바르기

[퍼프로 바르기]

❶ 파우더 묻히기
퍼프 1장을 이용하여 용기에서 파우더를 묻힌다.

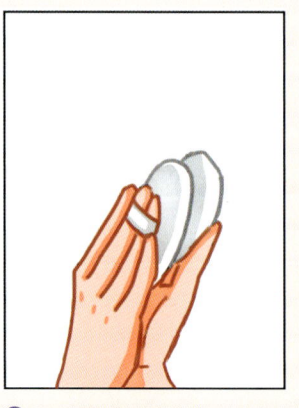

❷ 또 다른 퍼프 맞대기

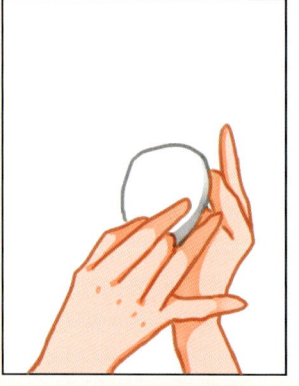

❸ 파우더 가볍게 털어내기

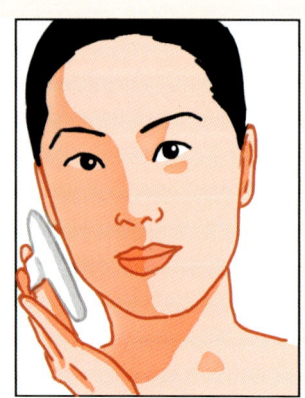

❹ 파우더 바르기

완전합격 미용사 메이크업 실기시험문제

❋ 파우더 바르기

❶ 퍼프로 바르기 : 퍼프를 가볍게 눌렀다 떼었다의 동작을 반복한다.

❷ 브러시로 바르기 : 크고 숱이 많은 브러시로 가볍게 둥글리듯 펴바른다.

❸ 팬브러시로 털어내기 : 여분의 파우더를 가볍게 털어낸다.

[브러시로 바르기]

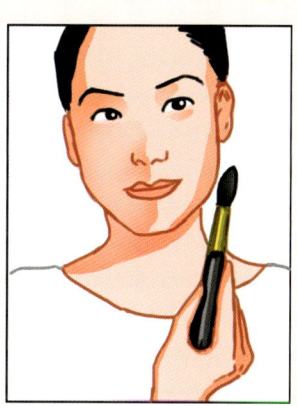

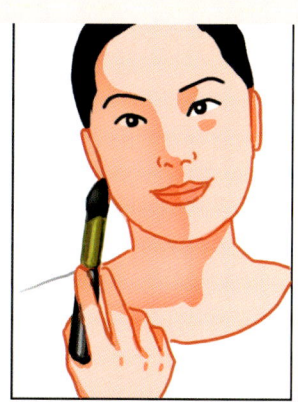

❶ 파우더 묻히기

❷ 파우더 바르기

❸ 파우더 덜어내기

❹ 파우더 정리하기

1 과제 뷰티 메이크업

❊ 눈썹 그리기

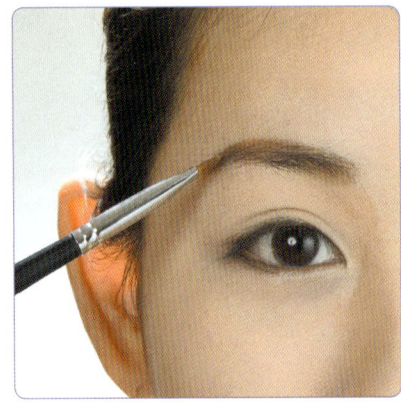
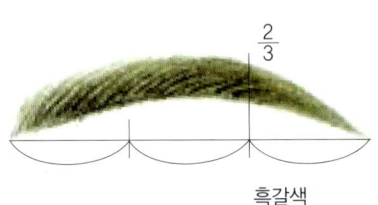

눈썹의 머리와 끝이 직선상에 놓이는 것이 원칙이다.

❶ 흑갈색 아이브로 펜슬로 모델의 눈썹모양에 맞추어 눈썹산을 각지지 않게 둥근 느낌으로 잡는다.
❷ 흑갈색 아이브로 섀도로 다시 한 번 엷게 덧발라 주어 눈썹모양을 정리한다.
❸ 다시 한 번 흑갈색 아이브로 펜슬로 눈썹산에서 눈썹꼬리까지를 강조하여 마무리한다.

❊ 아이섀도 바르기

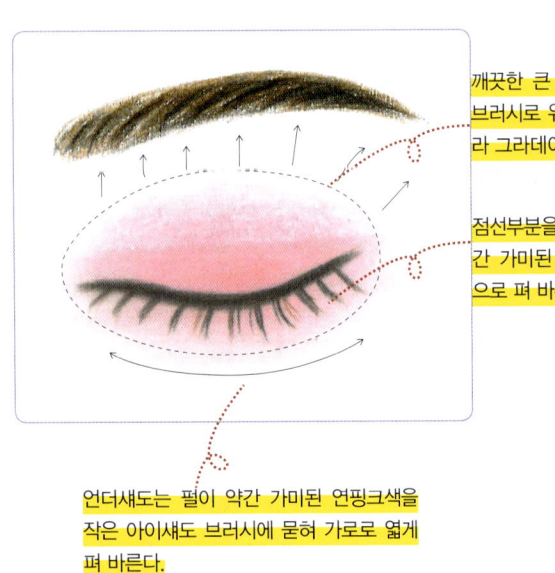
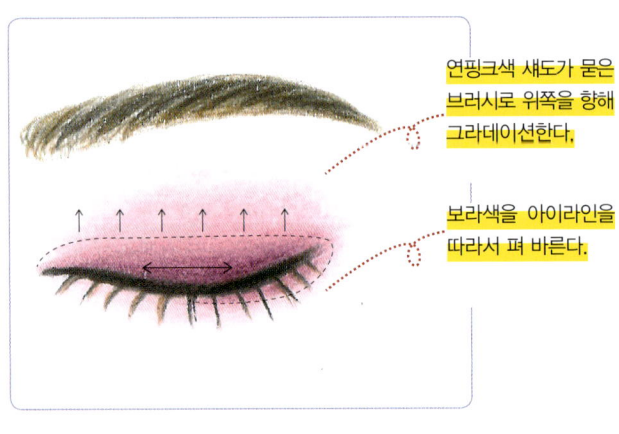

깨끗한 큰 아이섀도 브러시로 위로 펴 발라 그라데이션한다.

점선부분을 펄이 약간 가미된 연핑크색으로 펴 바른다.

언더섀도는 펄이 약간 가미된 연핑크색을 작은 아이섀도 브러시에 묻혀 가로로 엷게 펴 바른다.

연핑크색 섀도가 묻은 브러시로 위쪽을 향해 그라데이션한다.

보라색을 아이라인을 따라서 펴 바른다.

완전합격 미용사 메이크업 실기시험문제

❋ 아이라인 그리기, 마스카라 바르기, 인조속눈썹 붙이기

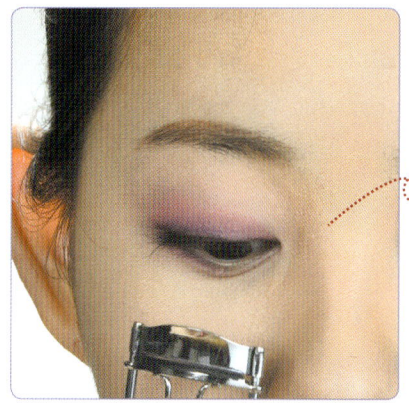

3~4번 정도 순간적으로 압착

❶ 펜슬 아이라이너로 속눈썹 사이를 메꾸듯이 그린다. ①처럼 눈 중앙부터 꼬리쪽을 먼저 그리고, ②처럼 눈앞머리부터 눈 중앙까지 그려 연결한다.

❷ 아이래시컬러를 사용하여 아이라인의 속눈썹부분부터 3~4번 정도 순간적으로 압착하여 가볍게 집어 올려준다.

마스카라가 뭉친 경우 콤브러시 사용!

❸ 용기에서 마스카라 브러시를 돌려가면서 빼낸다.
❹ 먼저 위에서 아래방향으로 마스카라를 가볍게 쓸어준다.
❺ 다시 아래에서 위쪽으로 마스카라를 올려준다.
❻ 마스카라가 뭉친 경우 콤브러시로 가볍게 빗어 뭉친 것을 떼어낸 다음 그 부분만 다시 한 번 덧바른다.

뷰티 메이크업

 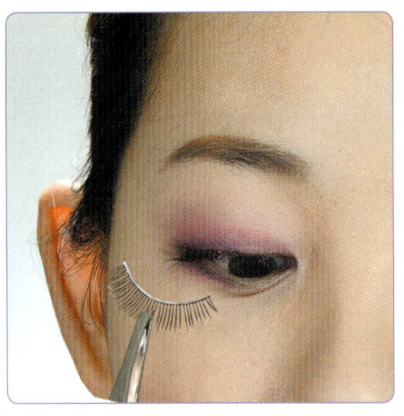 

❼ 인조속눈썹을 모델 눈 길이에 맞추어 수정가위로 자른다. 눈앞머리보다 1mm 짧게, 눈꼬리 쪽도 1mm 정도 짧게 자르는 것이 적당하다.

❽ 인조속눈썹 대에 속눈썹 풀을 바르고 5~6초 정도 기다린다. 눈꼬리 쪽을 먼저 맞추고 난 다음 중간, 앞머리 순으로 가볍게 눌러 붙인다.

❾ 인조속눈썹을 붙인 다음 눈앞머리, 중앙, 꼬리부분을 단단히 고정시킨다. 잘붙여지지 않은 곳이 있으면 속눈썹풀을 한 번 더 아이라인을 그리듯 덧발라도 좋다.

❿ 다시 한 번 아래에서 위로 마스카라를 발라 모델의 속눈썹과 인조속눈썹이 따로 보이지 않도록 한다.

⓫ 인조속눈썹을 붙인 후 눈앞머리와 눈꼬리 부분을 그려준다.

완전합격 미용사 메이크업 실기시험문제

❈ 치크컬러 바르기

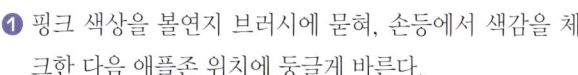
손등에서 색감체크!
애플존 위치에 둥글게

여분의 색감으로
볼연지 바른 주변 쓸어주기

핑크 색상을
애플존 위치에
둥글게 바른다.

❶ 핑크 색상을 볼연지 브러시에 묻혀, 손등에서 색감을 체크한 다음 애플존 위치에 둥글게 바른다.
❷ 볼연지 브러시에 남아있는 여분의 옅은 색감을 이용하여 볼연지 바른 주변을 가볍게 쓸어주어 자연스럽게 그라데이션한다.

❈ 입술 그리기

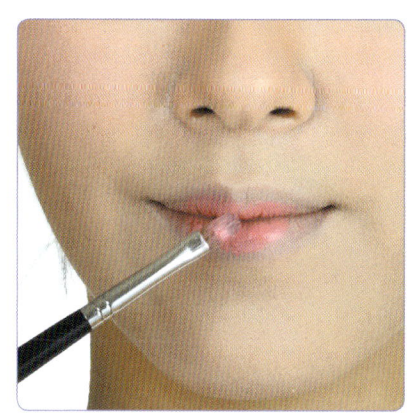 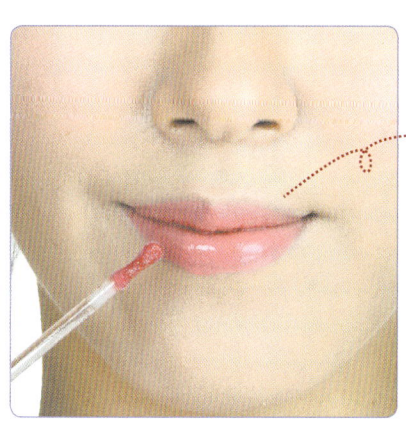

립글로스로 촉촉하게 마무리

핑크색으로 입술 안쪽을 짙게 바르고
바깥으로 그라데이션한 후 립글로스로 촉촉하게 만든다.

❶ 립 브러시로 핑크색을 입술 안쪽에 먼저 짙게 바르고 바깥으로 그라데이션한다.
❷ 립글로스로 촉촉하게 마무리한다.

제1과제 | 뷰티 메이크업

1 과제 뷰티 메이크업

❋ 완성

before

[피부표현]
모델의 피부보다 한 톤 밝게 표현

[아이라인]
자연속눈썹 컬링
인조속눈썹 부착
마스카라
아이라이너로 속눈썹 사이 메꾸기

[블러셔]
애플존 위치에 둥근 느낌으로

[립]
핑크색 : 안쪽을 짙게 바깥쪽으로 그라데이션
립글로스

[눈썹]
흑갈색 : 눈썹 산이 각지지 않게

[아이섀도]
펄이 약간 가미된 연핑크 : 눈두덩이, 언더라인 전체
연보라색 : 아이라인 주변, 눈두덩이 위로 그라데이션, 눈꼬리 언더라인 1/2~1/3까지 그라데이션

After

완전합격 미용사 메이크업 실기시험문제

뷰티메이크업 웨딩 (클래식)

 40분　 30점　 모델

요구사항(1과제)

※ 지참재료 및 도구를 사용하여 아래의 요구사항에 따라 뷰티메이크업 웨딩(클래식)을 시험시간 내에 완성하시오.

1. 과제를 수행하기 전 수험자의 손 및 도구류를 소독한 후 제시된 도면을 참고하여 웨딩(클래식) 메이크업 스타일을 연출하시오.

2. 모델의 피부톤에 적합한 메이크업 베이스를 선택하여 얇고 고르게 펴 바르시오.

3. 모델의 피부톤에 맞춰 결점을 커버하여 깨끗하게 피부표현하시오.

4. 섀딩과 하이라이트로 윤곽 수정 후 파우더로 매트하게 마무리하시오.

5. 모델의 눈썹 모양에 맞추어 흑갈색으로 그리되 눈썹 산이 약간 각지도록 그려주시오.

6. 피치색의 아이섀도를 눈두덩이 전체에 펴 바른 후 브라운색으로 속눈썹 라인에 깊이감을 주고, 눈두덩이 위로 펴 바르시오.

7. 눈앞머리의 위, 아래에는 골드 펄을 발라 화려함을 연출하시오(단, 아이섀도 연출 시 아이홀 라인의 경계가 생기지 않게 그라데이션하시오).

8. 아이라인은 속눈썹 사이를 메꾸어 그리고 눈매를 아름답게 교정하시오.

9. 뷰러를 이용하여 자연속눈썹을 컬링하시오.

10. 인조속눈썹은 뒤쪽이 긴 스타일로 모델 눈에 맞춰 붙이고, 마스카라를 발라주시오.

11. 치크는 피치 색으로 광대뼈 바깥에서 안쪽으로 블렌딩하시오.

12. 립컬러는 베이지 핑크색으로 바르고 입술라인을 선명하게 표현하시오.

수험자 유의사항

1. 모델은 문신(눈썹, 아이라인, 입술 등), 속눈썹 연장 및 메이크업이 되어 있지 않은 상태이어야 합니다.

2. 스파출라, 속눈썹 가위, 족집게, 눈썹칼 등의 도구류를 사용 전 소독제로 소독해야 합니다.

3. 메이크업 베이스, 파운데이션을 펴 바를 때 스펀지 퍼프 또는 브러시를 사용하시오.

4. 아이섀도, 치크, 립 등의 표현 시 브러시 등 적합한 도구를 사용하시오.

5. 화장품은 요구사항에 지정된 제형 외에는 타입에 상관없이 자유롭게 사용하시오.

1과제 뷰티 메이크업

 세부 과정

Before

★ **모델준비**

터번(헤어밴드)을 착용한다.

※ 모델은 눈에 보이는 표식(네일, 컬러링, 디자인 등)이 없어야 하며, 표식이 될 수 있는 액세서리(반지, 시계, 팔찌, 목걸이, 귀걸이 등)를 착용할 수 없다.

★ **소독하기**

과제를 시술하기 전에 손과 도구류를 소독한다.

❉ 메이크업 베이스 바르기

① 메이크업 베이스는 0.5g 정도(팥알 정도) 소량을 덜어 양볼, 코, 이마, 턱에 찍어 놓은 다음 골고루 펴 바른다. 너무 많이 바르면 파운데이션 화장이 잘 먹지 않는다.

② 눈꼬리 부분은 건조하기 쉽고 잔주름이 생기기 쉬운 피부이므로 특히 신경을 써서 세심하게 펴 바른다. 손끝의 지문부분으로 가볍게 토닥이듯 펴 발라도 좋다.

③ 입술주변에도 신경써서 세심하게 펴 바른다. 입술이 텄을 때는 메이크업 베이스를 바르기 전에 마사지크림을 듬뿍 발라 마사지하면 입술 위의 각질이 자연스럽게 제거된다.

④ 눈 밑, 코 양옆 부분도 세심하게 펴 바른다.

⑤ 턱선 부분에서 턱밑까지를 자연스럽게 그라데이션한다.

완전합격 미용사 메이크업 실기시험문제

❖ 파운데이션 바르기

❶ 파운데이션 묻히기 : 파운데이션을 스펀지에 묻힐 때는 매트의 1/3 가량만 묻혀 사용하는 것이 가장 적당하다.
❷ 슬라이닝 기법으로 바르기 : 양 볼을 먼저, 얼굴의 안쪽에서 바깥쪽 방향으로 가볍게 슬라이닝하여 펴 바른다.
❸ 턱 바르기 : 입주위의 턱 부분도 스펀지를 아래에서 위로 눌러주듯 발라 주는 것이 잘 발라진다.
❹ 콧방울 주위 바르기 : 콧방울 주위는 스펀지의 각진 부분을 이용해서 얇게 바른다. 스펀지의 각진 부분은 세심한 곳을 바르기에 적합하다.
❺ 헤어라인 부분 바르기 : 이마는 미간에서 헤어라인 쪽으로 끌어당기듯 펴 바른다. 잔머리가 난 부분은 스펀지에 묻어있는 여분으로 얇게 펴 바른다.
❻ 눈꺼풀은 세심하게 : 눈꺼풀도 세심하게 손가락 끝의 지문부분으로 토닥토닥 가볍게 두드리듯 세심하게 펴 바른다.
❼ 밀착감 높이기 : 얼굴전체를 스펀지로 가볍게 패딩하여 파운데이션의 피부 밀착감을 높여준다.

❋ 윤곽 수정하기

1. 하이라이트 바르기

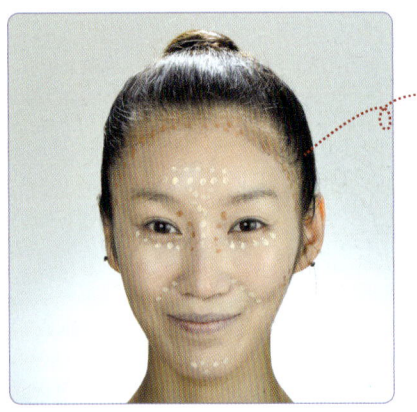

이마, 콧등, 눈 밑, 팔자주름, 턱 끝

❶ 돌출되어 보이게 하고 싶거나 밝고 넓어보이게 하고 싶은 부분에 파운데이션 색상보다 1~2톤 밝은 색으로 바른다. 일반적으로 이마, 콧등, 눈 밑, 팔자주름 부분, 턱 끝 등에 편다.

2. 섀딩 바르기

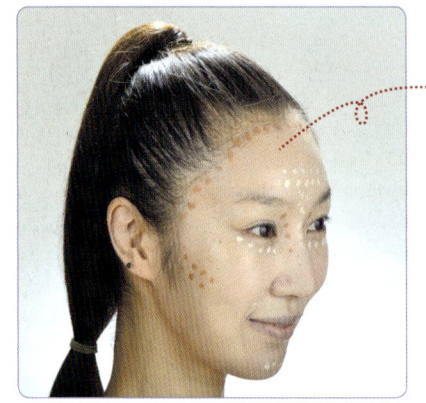

코 양옆, 볼뼈 밑, 얼굴 외곽부위

❷ 축소되어 보이게 하고 싶거나 어둡고 좁게 보이게 하고 싶은 부분에 파운데이션 색상보다 1~2톤 어두운 색으로 바른다. 일반적으로 섀딩 부위는 코 양옆, 볼뼈 밑, 얼굴 외곽부위 등에 편다.

❋ 파우더 바르기

❶ 퍼프로 바르기

❷ 브러시로 바르기

❸ 팬 브러시로 털어내기

완전합격 미용사 메이크업 실기시험문제

❋ 눈썹 그리기

눈썹산이 약간 각지도록
피치색
브라운 아이섀도를 펴준다.
브라운 아이섀도를 라인식으로
언더라인에도 1/3 정도 브라운 아이섀도를 편다.
골드펄

❶ 흑갈색 아이브로 펜슬로 모델의 눈썹모양에 맞추어 눈썹산을 약간 각지게 눈썹형을 잡는다.
❷ 흑갈색 아이브로 섀도로 다시 한 번 엷게 덧발라 주어 눈썹모양을 정리한다.
❸ 다시 한 번 흑갈색 아이브로 펜슬로 눈썹산에서 눈썹꼬리까지를 강조하여 마무리한다.

❋ 아이섀도 바르기

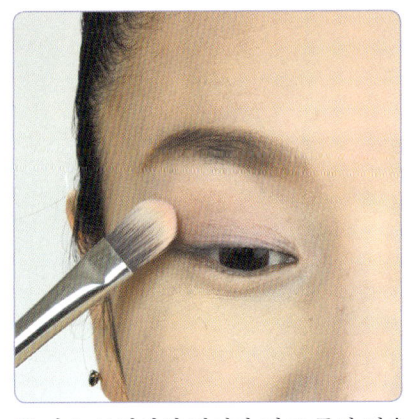

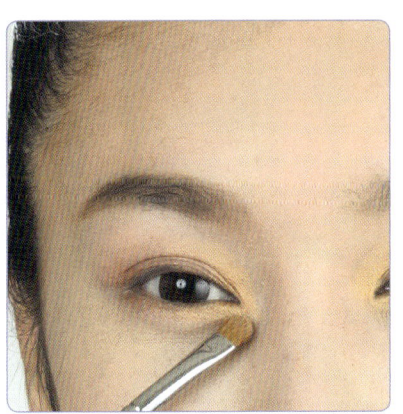

❶ 다소 브러시의 길이가 길고 폭이 넓은 아이섀도 브러시에 피치색의 아이섀도를 묻혀 손등에서 색감을 확인한 후 눈두덩이에 펴 바른다.
❷ 피치색이 끝나는 눈두덩이 부분을 색상이 묻지 않은 브러시로 가볍게 쓸어주어 피부색과의 경계를 자연스럽게 그라데이션한다.
❸ 브라운색으로 속눈썹라인에 펴 바른다.
❹ 브라운색으로 아이라인 위 1~2mm 정도까지 보이도록 점점 여리게 그라데이션한다.
❺ 작은 브러시에 골드펄을 묻혀 눈앞머리의 위, 아래에 펴 발라 화려함을 준다.

✿ 아이라인 그리기, 마스카라 바르기, 인조속눈썹 붙이기

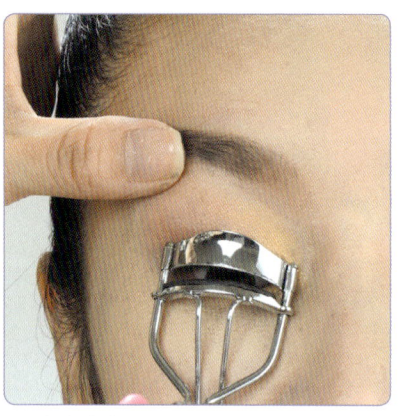

❶ 펜슬타입 아이라이너로 속눈썹 사이를 메꾸듯이 아이라인을 그린다.

❷ 아이래쉬 컬러를 사용하여 아이라인의 속눈썹 부분부터 3~4번 정도 순간적으로 압착하여 가볍게 집어 올려준다.

❸ 용기에서 마스카라 브러시를 돌려가면서 빼어낸다.
❹ 먼저 위에서 아래방향으로 마스카라를 가볍게 쓸어준다.
❺ 다시 아래에서 위쪽으로 마스카라를 올려준다.
❻ 마스카라가 뭉친 경우 콤브러시로 가볍게 빗어 뭉친 것을 떼어낸 다음 그 부분만 다시 한 번 덧바른다.

완전합격 미용사 메이크업 실기시험문제

❼ 인조속눈썹을 모델 눈 길이에 맞추어 수정가위로 자른다. 눈앞머리보다 1mm 짧게, 눈꼬리 쪽도 1mm 정도 짧게 자르는 것이 적당하다.

❽ 인조속눈썹 대에 속눈썹 풀을 바르고 5~6초 정도 기다린 다음 눈꼬리 쪽을 먼저 맞추고 중간, 앞머리 순으로 가볍게 눌러 붙인다.

❾ 인조속눈썹을 붙인 다음 눈앞머리, 중앙, 꼬리 부분을 단단히 고정시킨다. 잘 붙여지지 않은 곳이 있으면 속눈썹 풀을 한 번 더 아이라인을 그리듯 덧발라도 좋다.

❿ 다시 한 번 아래에서 위로 마스카라를 발라 모델의 속눈썹과 인조속눈썹이 따로 보이지 않도록 한다.

⓫ 리퀴드 아이라인을 그려주어 눈앞머리와 눈꼬리를 자연스럽게 마무리한다.

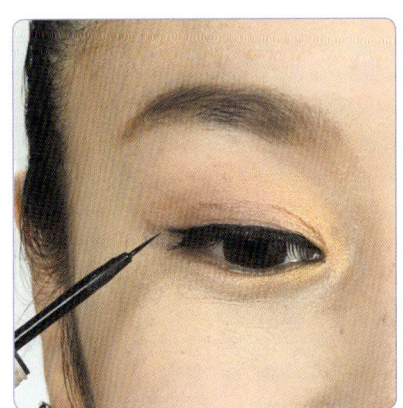

제1과제 | 뷰티 메이크업　51

1과제 뷰티 메이크업

✿ 입술 그리기

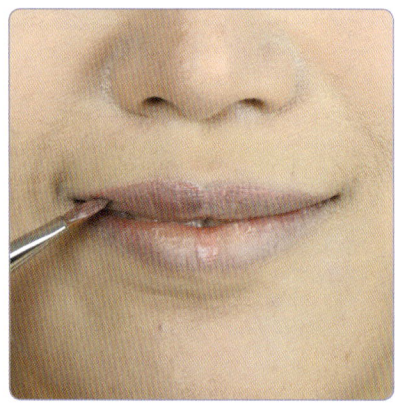

❶ 입술주변에 파우더를 한 번 더 발라 정리한다.
❷ 입술의 균형을 맞추기 위해서 먼저 윗입술과 아랫입술 중앙에 점을 찍어준 다음 립펜슬이나 립브러시를 이용하여 립라인을 그린다.

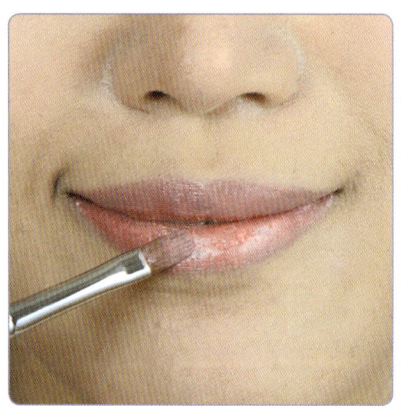

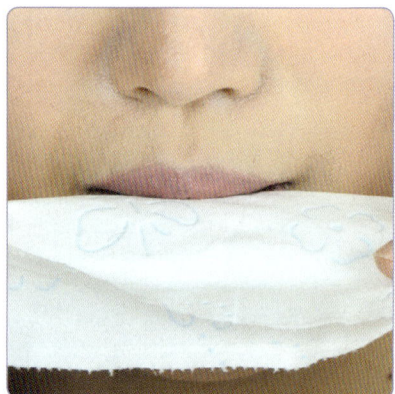

❹ 티슈를 가볍게 물어주어 입술 안쪽에 과도하게 발라진 립스틱을 제거한다.

❸ 립라인 안쪽에 립스틱을 발라 준다.

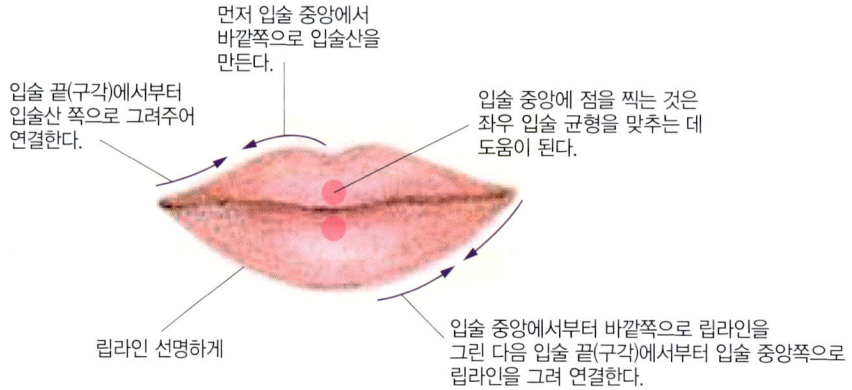

- 먼저 입술 중앙에서 바깥쪽으로 입술산을 만든다.
- 입술 끝(구각)에서부터 입술산 쪽으로 그려주어 연결한다.
- 입술 중앙에 점을 찍는 것은 좌우 입술 균형을 맞추는 데 도움이 된다.
- 립라인 선명하게
- 입술 중앙에서부터 바깥쪽으로 립라인을 그린 다음 입술 끝(구각)에서부터 입술 중앙쪽으로 립라인을 그려 연결한다.

완전합격 미용사 메이크업 실기시험문제

❋ 치크컬러 바르기

피치색으로
광대뼈 바깥에서
안쪽으로 블렌딩

❶ 피치색상을 볼연지 브러시에 묻혀, 손등에서 색감을 체크한 다음 광대뼈 바깥부분부터 안쪽으로 점점 여리게 그라데이션하여 펴바른다.

❷ 피치색상 볼연지를 다시 한 번 광대뼈 바깥부분에 살짝 덧발라준다.

❸ 볼연지 브러시에 남아있는 여분의 엷은 색감을 이용하여 볼연지를 바른 주변을 가볍게 쓸어주어 자연스럽게 그라데이션한다.

 **TIP**

볼연지를 바르는 부위는 코끝을 기준으로 가로선을 그려보아 더 밑으로 처지지 않게 한다. 볼연지가 코끝에서 연결한 선보다 밑으로 발라지면 얼굴 볼선이 쳐져 보이고 어색해 보인다.

1 과제 뷰티 메이크업

❋ 완성

before

[아이섀도]
피치색 : 눈두덩이 전체
브라운색 : 속눈썹 라인
골드펄 : 눈앞머리 위, 아래

[눈썹]
흑갈색 : 약간 각지도록

[피부표현]
얇고 고른 메이크업 베이스
윤곽수정
파우더로 매트하게

[아이라인]
속눈썹 사이 메꾸기
뷰러로 자연속눈썹 컬링
인조속눈썹 뒤쪽이 긴 스타일로 부착

[치크]
피치색 : 광대뼈 바깥쪽에서 안쪽으로

[립]
베이지 핑크색 : 입술라인 선명하게 표현

After

완전합격 미용사 메이크업 실기시험문제

제1과제 | 뷰티 메이크업

뷰티메이크업 (한복)

 40분　 30점　 모델

요구사항(1과제)

※ 지참재료 및 도구를 사용하여 아래의 요구사항에 따라 뷰티메이크업(한복)을 시험시간 내에 완성하시오.

1. 과제를 수행하기 전 수험자의 손 및 도구류를 소독한 후 제시된 도면을 참고하여 한복 메이크업 스타일을 연출하시오.
2. 모델의 피부톤에 적합한 메이크업 베이스를 선택하여 얇고 고르게 펴 바르시오.
3. 모델의 피부 톤에 맞춰 결점을 커버하여 깨끗하게 피부표현하시오.
4. 섀딩과 하이라이트 후 파우더로 가볍게 마무리하시오.
5. 모델의 눈썹 모양에 맞추어 자연스러운 브라운 컬러의 눈썹을 표현하시오.
6. 아이섀도의 표현은 펄이 약간 가미된 피치색으로 눈두덩이와 언더라인 전체에 바르시오.
7. 브라운색 아이섀도로 도면과 같이 아이라인 주변을 짙게 바르고 눈두덩이 위로 자연스럽게 그라데이션한 후 눈꼬리 언더라인 1/2~1/3까지 그라데이션하시오(단, 아이섀도 연출 시 아이홀 라인의 경계가 생기지 않게 그라데이션하시오).
8. 언더라인에는 밝은 크림색 섀도를 덧발라 애교살이 돋보이도록 하시오.
9. 아이라인은 속눈썹 사이를 메꾸어 그리고 눈매를 아름답게 교정하시오.
10. 뷰러를 이용하여 자연속눈썹을 컬링하시오.
11. 인조속눈썹은 모델 눈에 맞춰 붙이고, 마스카라를 발라주시오.
12. 치크는 오렌지 계열로 광대뼈 위쪽에 안에서 바깥으로 블렌딩해서 바르시오.
13. 립컬러는 오렌지 레드색으로 바르고 입술라인을 선명하게 표현하시오.

수험자 유의사항

1. 모델은 문신(눈썹, 아이라인, 입술 등), 속눈썹 연장 및 메이크업이 되어 있지 않은 상태이어야 합니다.
2. 스파출라, 속눈썹 가위, 족집게, 눈썹칼 등의 도구류를 사용 전 소독제로 소독해야 합니다.
3. 메이크업 베이스, 파운데이션을 펴 바를 때 스펀지 퍼프 또는 브러시를 사용하시오.
4. 아이섀도, 치크, 립 등의 표현 시 브러시 등 적합한 도구를 사용하시오.
5. 화장품은 요구사항에 지정된 제형 외에는 타입에 상관없이 자유롭게 사용하시오.

1 과제 뷰티 메이크업

세부 과정

Before

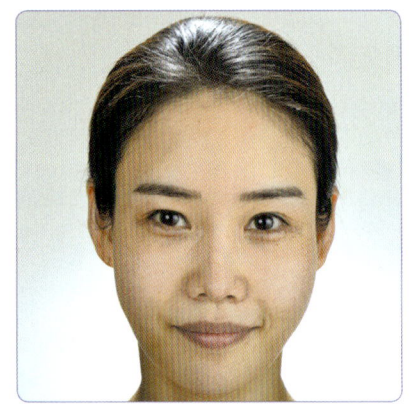

★ **모델준비**

터번(헤어밴드)을 착용한다.

※ 눈에 보이는 표식(네일, 컬러링, 디자인 등)이 없어야 하며, 표식이 될 수 있는 액세서리(반지, 시계, 팔찌, 목걸이, 귀걸이 등)를 착용할 수 없다.

★ **소독하기**

과제를 시술하기 전에 손과 도구류를 소독한다.

❋ 메이크업 베이스 바르기

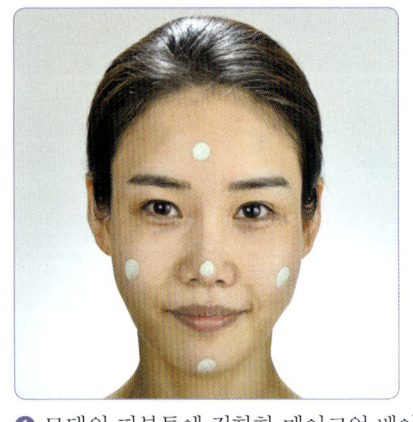

❶ 모델의 피부톤에 적합한 메이크업 베이스를 선택하여 얇고 고르게 펴 바른다.
❷ 펴바른 후 손가락의 지문부분으로 가볍게 밀어보아 미끈거림이 없는지 확인한다.

완전합격 미용사 메이크업 실기시험문제

❋ 파운데이션 바르기

❶ 모델 피부톤에 맞추어 파운데이션을 펴 바른다.

❷ 잡티가 있는 부분은 부분적으로 한 번 더 덧바른다.

❸ 잡티 커버를 완벽하게 하기 위해 잡티 부분에 컨실러를 바르고 주변으로 그라데이션한다.

❋ 윤곽 수정하기

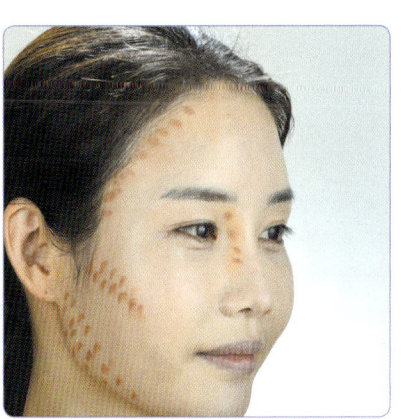

❶ 하이라이트를 이용하여 이마, 콧등, 눈 밑, 턱 끝에 발라 피부톤을 밝게 한다.

❷ 섀딩을 이용하여 코 양옆, 볼뼈 밑, 이마외곽, 턱뼈 등에 발라준다.

❸ 하이라이트와 섀딩의 경계선은 경계가 지지 않도록 그라데이션한다.

제1과제 | 뷰티 메이크업

1 과제 뷰티 메이크업

❋ 파우더 바르기

퍼프와 브러시를 사용하여 파우더를 바른다.

❋ 눈썹 그리기

❶ 흑갈색이나 검은색 아이브로 펜슬을 이용하여 5~7mm 정도의 눈썹을 자연스럽게 그린다.
❷ 눈썹산을 눈썹길이의 2/3에 둔다.
❸ 아이브로 펜슬로 눈썹산에서부터 눈썹꼬리까지 그린다.
❹ 눈썹앞머리에서 눈썹산까지 그려서 자연스럽게 연결한다.
❺ 아이브로 섀도를 눈썹용 사선 브러시로 살짝 덧바른다.
❻ 눈앞머리 쪽은 폭 1㎝ 정도의 중간크기 아이섀도 브러시를 이용하여 엷게 펴 바른다.

❀ 아이섀도 바르기

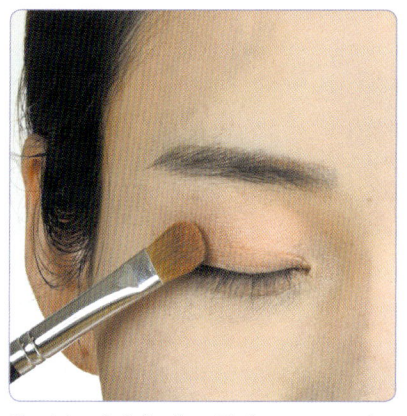

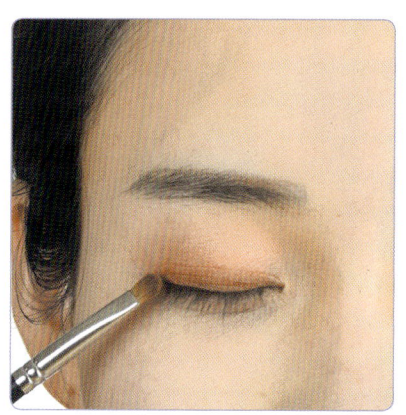

❶ 다소 길이가 길고 폭이 1~1.5cm 정도의 아이섀도 브러시에 피치색 펄 아이섀도를 묻혀 손등에서 색감을 체크한다.

❷ 피치색 펄 아이섀도를 모델이 눈을 감은 상태에서 눈의 아이라인 부분에서 아이홀이 들어간 부분까지 얇게 펴 바른다. 언더라인 전체에도 피치색 펄을 펴 바른다.

❸ 피치색 펄 아이섀도가 끝나는 눈두덩이 부분을 색상이 묻지 않은 아이섀도 브러시로 가볍게 쓸어주어 피부색과의 경계를 자연스럽게 그라데이션한다.

❹ 브라운 아이섀도를 아이라인 부분을 진하게 바르면서 눈을 떴을 때 쌍겹라인이나 홑겹라인의 1~2mm 위까지 펴 바른다. 이때 아이라인 주변을 진하게 바르고 위로 올라갈수록 얇아지도록 한다.

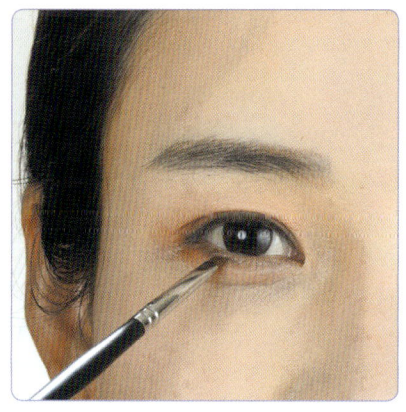

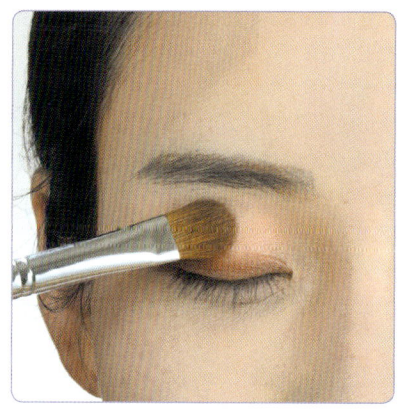

❺ 언더라인은 1/2~1/3까지 브라운색을 바르는데 눈꼬리 부분부터 눈 중앙으로 올수록 얇아지도록 그라데이션한다.

❻ 언더라인 아래의 볼록 튀어나온 부분에 밝은 크림색 섀도를 덧발라 애교살이 돋보이도록 한다.

❼ 눈두덩이의 피치색 펄과 브라운색과의 경계는 그라데이션 처리를 하는데 브러시에 남아있는 피치색 펄 아이섀도의 여분을 이용하여 가볍게 쓸어주어 그라데이션한다.

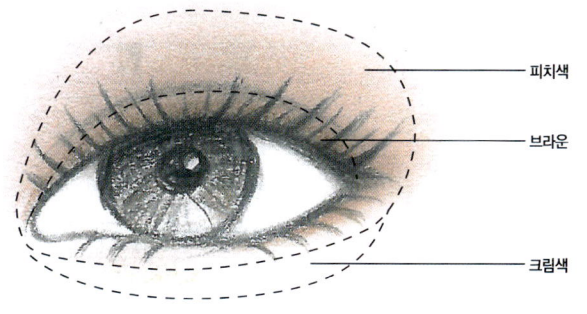

뷰티 메이크업

❁ **아이라인 그리기, 마스카라 바르기, 인조속눈썹 붙이기**

❶ 펜슬타입 아이라이너로 속눈썹 사이를 메꾸듯이 아이라인을 그린다. 이때 언더라인도 눈꼬리 부분에서 중앙까지 1/3~1/2 정도 옅게 그린다.

❷ 아이래쉬 컬러를 사용하여 아이라인의 속눈썹부분부터 3~4번 정도 순간적으로 압착하여 모델의 속눈썹을 가볍게 집어 올려준다.

❸ 마스카라 용기에서 브러시를 살짝 돌려가면서 빼어내서 내용물 양을 조절한다.

❹ 먼저 모델 속눈썹의 위에서 아래방향으로 마스카라를 가볍게 쓸어주듯 바른다.

❺ 다시 아래에서 위쪽으로 모델의 속눈썹을 올려주듯 바른다.

❻ 모델 속눈썹의 길이의 중간부분을 아래에서 위로 지그시 눌러주어 속눈썹의 컬을 고정시켜준다.

완전합격 미용사 메이크업 실기시험문제

❼ 인조속눈썹을 모델의 눈 길이에 맞추어 수정가위로 자른다. 뷰티 메이크업의 경우, 보통 눈앞머리보다 1mm 짧게, 눈꼬리 쪽도 1mm 정도 짧게 자르는 것이 적당하다.

❽ 인조속눈썹에 속눈썹풀을 바르고 5~6초 정도 기다린 다음 눈꼬리쪽을 먼저 맞추고 중간, 앞머리 순으로 가볍게 눌러 붙인다.

❾ 속눈썹풀을 한 번 더 아이라인을 그리듯 덧바르거나 떨어지기 쉬운 앞머리와 꼬리부분에 덧발라주어 마무리한다.

❿ 모델의 본래 속눈썹과 인조속눈썹이 따로 분리되어 보이지 않는지 확인하면서 한 번 더 마스카라를 아래에서 위쪽으로 발라준다.

⓫ 먼저 리퀴드 아이라인을 눈 중앙부터 꼬리까지 그려준다. 인조속눈썹보다 1~2mm 정도 빼서 그린다.

⓬ 눈앞머리에서부터 눈 중앙까지 그려서 아이라인을 연결한다.

⓭ 모델의 눈을 감게 하여 리퀴드 아이라인을 완전히 건조시킨 후 눈을 뜨게 하여, 눈을 뜬 상태의 아이라인을 점검한다.

제1과제 | 뷰티 메이크업

1과제 뷰티 메이크업

❋ 입술 그리기

❶ 입술주변에 파우더를 한 번 더 바른다.

❷ 오렌지 레드색 립스틱을 립브러시에 묻힌 다음, 립라인을 선명하게 그린다.
❸ 입술안쪽을 메꾸어 바른다.

TIP 입술선을 선명하게 그리려면

입술선을 선명하게 그리기 위해서는 립펜슬을 이용하는 방법도 있으나, 립브러시를 이용하여 립라인을 그리는 것이 훨씬 깔끔하고 선명하다. 립브러시에 립스틱을 충분히 묻힌 다음 립브러시를 살짝 기울여 립브러시의 둥근면을 이용하여 그리면 선명한 입술선을 그릴 수 있다.

오렌지 레드색
입술라인 선명하게

완전합격 미용사 메이크업 실기시험문제

❋ 치크컬러 바르기

❶ 오렌지계열 색상을 볼연지를 브러시에 묻혀 손등에서 색감을 체크한다.
❷ 볼연지 브러시로 광대뼈 위쪽에 안에서 바깥으로 블렌딩해서 펴 바른다.

❸ 볼연지 바른 주변을 파우더 브러시로 가볍게 쓸어주거나 분첩에 남은 여분으로 가볍게 눌러주어 마무리한다.

오렌지 계열로
광대뼈 위쪽에서
안에서 바깥으로 블렌딩

제1과제 | 뷰티 메이크업

1과제 뷰티 메이크업

❋ 완성

before

[아이섀도]
펄이 약간 가미된 피치색 : 눈두덩이, 언더라인 전체
브라운 색 : 아이라인 주변, 눈꼬리 언더라인 1/2~1/3
밝은 크림 색 : 언더라인, 애교살

[눈썹]
자연스러운 브라운 컬러

[피부표현]
피부톤에 적합한 메이크업 베이스
섀딩 & 하이라이트

[아이라인]
속눈썹 사이를 메꾸어 그리기
뷰러로 자연속눈썹 컬링
인조속눈썹 부착
마스카라

[치크]
오렌지 계열 : 광대뼈 위쪽 안에서 바깥으로

[립]
오렌지 레드 : 입술라인 선명하게

After

완전합격 미용사 메이크업 실기시험문제

 도면

제1과제 | 뷰티 메이크업 67

뷰티메이크업 (내츄럴)

 40분   30점   모델

요구사항(1과제)

※ 지참재료 및 도구를 사용하여 아래의 요구사항에 따라 뷰티메이크업(내츄럴)을 시험시간 내에 완성하시오.

❶ 과제를 수행하기 전 수험자의 손 및 도구류를 소독한 후 제시된 도면을 참고하여 뷰티메이크업 내츄럴 스타일을 연출하시오.

❷ 모델의 피부톤에 적합한 메이크업 베이스를 선택하여 얇고 고르게 펴 바르시오.

❸ 베이스 메이크업은 모델 피부색과 비슷한 리퀴드 파운데이션을 사용하시오.

❹ 피부의 결점 등을 커버하기 위하여 컨실러 등을 사용할 수 있으며 파운데이션은 두껍지 않게 골고루 펴 바르며 투명 파우더를 사용하여 마무리하시오.

❺ 눈썹의 표현은 모델의 눈썹의 결을 최대한 살려 자연스럽게 그려주시오.

❻ 아이섀도의 표현은 펄이 없는 베이지색으로 눈두덩이와 언더라인 전체에 바르시오.

❼ 브라운 색으로 도면과 같이 아이라인 주변을 바르고 눈두덩이 위로 자연스럽게 그라데이션한 후 눈꼬리 언더라인 1/2~1/3까지 그라데이션하시오(단, 아이섀도 연출 시 아이홀 라인의 경계가 생기지 않게 그라데이션하시오).

❽ 아이라인은 브라운 컬러의 섀도 타입이나 펜슬 타입을 이용하여 점막을 채우듯이 속눈썹 사이를 메꾸어 그리고 눈매를 자연스럽게 교정하시오.

❾ 아이래시를 이용하여 자연속눈썹을 컬링하시오.

❿ 속눈썹은 마스카라를 이용하여 자연스럽게 표현하시오.

⓫ 치크는 피치 컬러로 광대뼈 안쪽에서 바깥쪽으로 블렌딩하시오.

⓬ 립은 베이지 핑크색으로 자연스럽게 발라 마무리하시오.

수험자 유의사항

❶ 모델은 문신(눈썹, 아이라인, 입술 등), 속눈썹 연장 및 메이크업이 되어 있지 않은 상태이어야 합니다.

❷ 스파출라, 속눈썹 가위, 족집게, 눈썹칼 등의 도구류를 사용 전 소독제로 소독해야 합니다.

❸ 메이크업 베이스, 파운데이션을 펴 바를 때 스펀지 퍼프 또는 브러시를 사용하시오.

❹ 아이섀도, 치크, 립 등의 표현 시 브러시 등 적합한 도구를 사용하시오.

❺ 화장품은 요구사항에 지정된 제형 외에는 타입에 상관없이 자유롭게 사용하시오.

과제 1 뷰티 메이크업

세부 과정

Before

터번(헤어밴드)을 착용한다.
과제를 시술하기 전에 손과 도구를 소독한다.

❋ **메이크업 베이스 바르기**

❶ 모델의 피부톤에 적합한 그린색 메이크업 베이스를 선택하여 얇고 고르게 펴 바른다.
❷ 펴 바른 후 손가락의 지문부분으로 가볍게 밀어보아 미끈거림이 없는지 확인한다.

❋ **파운데이션 바르기**

❶ 모델 피부톤에 맞추어 파운데이션을 펴 바른다.
❷ 잡티가 있는 부분은 부분적으로 한 번 더 덧바른다.

❸ 잡티커버를 완벽하게 하려면 컨실러를 이용하여 커버한다.

완전합격 미용사 메이크업 실기시험문제

❊ 파우더 바르기

❶ 한 개의 퍼프에 파우더를 묻혀 다른 한 개의 퍼프를 대고 골고루 비빈 다음 얼굴 외곽부위부터 얼굴 중심부위를 둥글게 퍼프를 눌렀다 떼었다 하는 느낌으로 펴 바른다.

❷ 다시 한 번 퍼프로 파우더를 얼굴 중심 부분부터 둥글게 눌렀다 떼었다 하는 동작으로 펴 바른다.

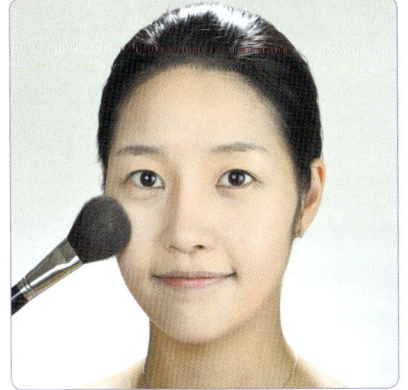 

❸ 파우더 브러시를 이용하여 피부에 남아있는 파우더를 가볍게 털어내듯 마무리한다.

제1과제 | 뷰티 메이크업

1과제 뷰티 메이크업

❋ 눈썹 그리기

❶ 흑갈색이나 검은색 아이브로 펜슬을 이용하여 5~7mm 정도의 눈썹을 자연스럽게 그린다.

❷ 눈썹산을 눈썹길이의 2/3에 둔다.

❸ 아이브로 펜슬로 눈썹산에서부터 눈썹꼬리까지 그린다.

❹ 눈썹앞머리에서 눈썹산까지 그려서 자연스럽게 연결한다.

❺ 아이브로 섀도를 눈썹용 사선브러시로 살짝 덧바른다.

❻ 눈앞머리 쪽은 폭 1㎝ 정도의 중간크기 아이섀도 브러시를 이용하여 엷게 펴 바른다.

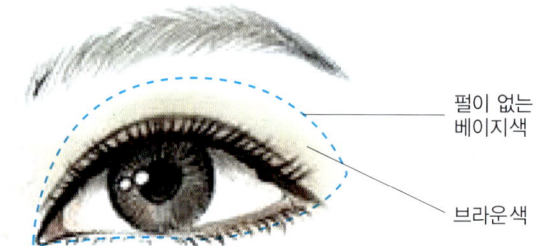

펄이 없는 베이지색

브라운색

 **TIP** 눈썹 색상을 자연스럽게 표현하기

눈썹을 그릴 때 아이브로 펜슬만을 이용하여 그리면 눈썹이 약간 딱딱해 보이는 경향이 있다. 좀더 자연스럽게 눈썹을 표현하려면 먼저 아이브로 펜슬로 엷게 눈썹형태를 그려준 다음 아이브로 섀도를 이용하여 가볍게 덧발라 준다. 그런 다음 아이브로 마스카라를 눈썹결 방향대로 가볍게 터치하면 아주 훌륭한 눈썹으로 마무리된다.

완전합격 미용사 메이크업 실기시험문제

❊ 아이섀도 바르기

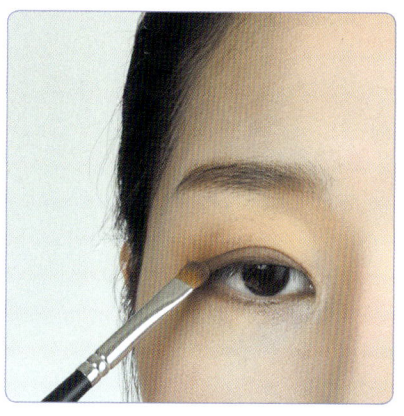

❶ 다소 길이가 길고 폭이 1~1.5cm 정도의 아이섀도 브러시에 펄이 없는 베이지색 아이섀도를 묻혀 손등에서 색감을 체크한다.

❷ 펄이 없는 베이지색 아이섀도를 모델이 눈을 감은 상태에서 눈의 아이라인 부분에서 아이홀이 들어간 부분까지 엷게 펴 바른다. 언더라인 전체에도 피치색 펄을 펴 바른다.

❸ 펄이 없는 베이지색 아이섀도가 끝나는 눈두덩이 부분을 색상이 묻지 않은 아이섀도 브러시로 가볍게 쓸어주어 피부색과의 경계를 자연스럽게 그라데이션한다.

❹ 브라운색으로 아이라인 부분을 진하게 바르면서 눈두덩이 위로 자연스럽게 그라데이션한다. 이때 아이라인 주변은 진하게 바르고 눈두덩이 위로 올라갈수록 엷어지도록 한다.

❺ 언더라인은 1/2~1/3까지 브라운색을 바르는데 눈꼬리 부분부터 눈 중앙으로 올수록 엷어지도록 그라데이션한다.

 TIP 아이섀도의 부분 테크닉

① 눈동자 중심에서부터 눈썹산을 연결한 선이다. 아이섀도 포인트는 이 선보다 바깥 부분에 두는 것이 기본이다.
② 선명한 색의 아이섀도를 사용할 때는 이 부분을 검정이나 회색으로 강조하면 눈에 임팩트가 생긴다.
③ 아이홀 주위에 라인으로 섀도를 넣으면 깊이 있는 눈매가 된다.
④ 눈썹과 아이홀 사이. 이 부분이 넓은 눈은 여기에 섀도를 준다. 노즈섀도를 바른 것과 같이 자연스러운 느낌이 든다.
⑤ 아이홀 주위에 섀도를 넣고 아이홀 중심을 밝게 하면 눈에 입체감이 생긴다.

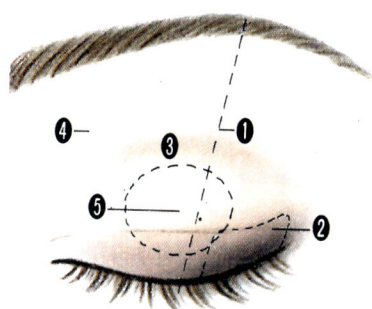

❈ 아이라인 그리기, 마스카라 바르기

  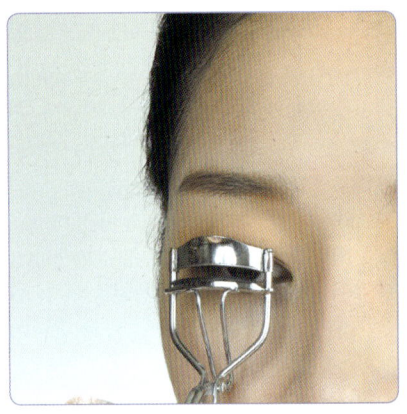

❶ 펜슬타입 아이라이너로 속눈썹 사이를 메꾸듯이 아이라인을 그린다. 이때 언더라인도 눈꼬리 부분에서 중앙까지 1/3~1/2 정도 얇게 그린다.

❷ 아이래쉬 컬러를 사용하여 아이라인의 속눈썹 부분부터 3~4번 정도 순간적으로 압착하여 모델의 속눈썹을 가볍게 집어 올려준다.

❸ 마스카라 용기에서 브러시를 살짝 돌려가면서 빼어내어 내용물 양을 조절한다.

❹ 먼저 모델 속눈썹의 위에서 아래방향으로 마스카라를 가볍게 쓸어주듯 바른다.

❺ 다시 아래에서 위쪽으로 모델의 속눈썹을 올려주듯 바른다.

❻ 모델 속눈썹의 길이의 중간부분을 아래에서 위로 지그시 눌러주어 속눈썹의 컬을 고정시켜준다.

❼ 리퀴드 아이라이너로 눈 중앙부터 꼬리까지 그려준다.

❉ 입술 그리기

❶ 입술주변에 파우더를 한 번 더 바른다.
❷ 베이지 핑크색 립스틱을 브러시에 묻힌 다음 립라인을 그린다.
❸ 입술 안쪽을 메꾸어 바른다.

❉ 치크컬러 바르기

❶ 피치색상 볼연지를 브러시에 묻혀 손등에서 색감을 체크한다.
❷ 볼연지 브러시로 광대뼈 안쪽에서 바깥쪽으로 가볍게 쓸어주듯 바른다.

1과제 뷰티 메이크업

❈ 완성

before

[아이섀도]
펄이 없는 베이지 : 눈두덩이, 언더라인 전체
브라운색 : 아이라인 주변, 눈두덩이 위 자연스럽게, 눈꼬리 언더라인 1/2~1/3까지 그라데이션

[눈썹]
결을 살려 자연스럽게

[피부표현]
피부톤에 적합한 메이크업 베이스
리퀴드 파운데이션
투명 파우더

[아이라인]
브라운 컬러 : 속눈썹 사이를 메꾸어
뷰러로 자연속눈썹 컬링
마스카라로 자연스럽게 표현

[치크]
피치 : 광대뼈 안쪽에서 바깥쪽으로

[립]
베이지 핑크 : 자연스럽게

After

완전합격 미용사 메이크업 실기시험문제

 도면

제1과제 | 뷰티 메이크업

2 과제

시대 메이크업

현대 1   1930년(그레타 가르보)
현대 2   1950년(마릴린 먼로)
현대 3   1960년(트위기)
현대 4   1970~1980년(펑크)

작업시간	40분	작업대상	모델
배점	30점	세부과제	4과제 중 1과제 선정

그레타 가르보

마릴린 먼로

트위기

펑크

과제 2 시대 메이크업

우리나라에서 일반 여성들이 색조 메이크업을 한 것은 그리 오래 전 일이 아니다. 1960년대까지만 해도 백분 이외에 이렇다 할 색조 화장품이 등장하지 않았다. 70년대에 들어서 몇몇 화장품 회사들이 파운데이션, 립스틱, 볼터치, 섀도 등과 같은 메이크업 제품들을 내놓고 본격적인 캠페인을 펼침으로써 색조 화장에 대한 인식이 점진적으로 개선되고 컬러 TV의 보급으로 색조 화장에 대한 관심이 급속도로 높아졌다. 이렇게 발달 속도는 빨랐지만 메이크업의 역사는 짧아서 시대별 유행 메이크업을 다룰 때는 대개 서양의 것을 참조한다. 메이크업은 복식과 함께 발전하는 것으로 아래에서 특징적인 시대와 패션경향, 메이크업에 대해 다루었다.

1930년대 서양의 화장

대공황이 전세계적으로 파급된 시대이다. 1936년 영국의 BBC, 1939년 NBC가 각각 정규 방송을 시작하고 영상의 시대로 접어들면서 미국의 영화시장 발달, 메이크업과 성형술이 발달한 시대였다.

이 시대의 패션경향은 말괄량이 소녀의 모습에서 성숙하고 세련된 여성스러운 이미지가 이상적으로 등장하기 시작했다. 스커트의 길이가 길어졌으며 가슴, 허리, 힙을 강조하는 전체적으로 롱 앤 슬림의 실루엣이 유행하였다.

진 할로우, 그레타 가르보, 마릴린 디트리히 등의 화장법이 유행하였는데 피부색은 원래의 색보다 약간 어둡게 하고 눈썹은 깨끗이 정리한 후 아치형으로 가늘고 길게 그렸다. 아이섀도는 검정으로 아이홀을 잡고 노랑이나 회색으로 음영을 주며 하이라이트를 강조한 아이홀 메이크업을 하였다. 둥근 곡선형의 붉거나 자줏빛으로 입술 화장을 했다. 헤어는 '보브'스타일에서 귀를 반쯤 가린 '싱글'스타일로 변했고 백금발의 염색이 유행하였다.

그레타 가르보(Greta Garbo)

스웨덴 출신의 미국영화배우(1905.09.18~1990.04.15)로 헐리우드 MGM사의 인기스타이다. 대표작으로 「마타하리」, 「안나 크리스티」, 「육체와 악마」 등이 있다.

신비스러우면서 차가운 이미지, 우수를 머금은 듯한 미모와 쓸쓸한 분위기가 특징이며 깊이를 강조한 눈 화장과 가는 아치형의 눈썹이 메이크업의 포인트이다.

1950년대 서양의 화장

제2차세계대전 후 문화의 중심지가 유럽에서 미국으로 옮겨졌고 미국의 컬러영화, 대중음악, TV 등의 대중 매체에 의한 대중 스타의 이미지 부각, 광고의 발전, 인구증가와 중산층의 확산, 직장여성의 증가로 인한 화장품 시장이 확대되었다.

크리스찬 디올의 뉴룩 발표 이후 여성적인 스타일로 고품격이고 우아한 고급 드레스와 가슴, 허리, 힙선을 살린 테일러드 스타일의 몸에 꼭 끼는 정장이 유행하였다.

엘리자베스 테일러, 마릴린 먼로, 오드리 햅번, 브리짓 바르도의 화장법이 유행하였다. 밝은색 피부톤에 인위적인 메이크업을 하였다. 눈썹은 두껍고 진하게, 속눈썹도 강하게 하고 아이라인도 길게 그리고 얼굴 윤곽을 강조하였다. 마릴린 먼로는 아이홀에 밝은 브라운으로 음영을 주고 눈 중앙에 하이라이트를 준 후 눈 바깥쪽으로 길게 속눈썹을 붙이고 아웃커브 형태의 붉은 입술과 함께 애교점을 찍었다. 오드리 햅번의 숏컷과 불규칙한 앞머리가 유행하였고 10~20대는 포니테일 스타일이, 또한 브리짓 바르도의 흐트러진 머리도 유행하였다.

마릴린 먼로(Marilyn Monroe)

미국의 여배우이자 가수(1926.06.01.~1962.08.05.)이다. 아름다운 금발의 매력으로 세계적인 섹시심벌로 인기를 끌었으며 대표작으로는 「신사는 금발을 좋아한다」(1953), 「돌아오지 않는 강」(1954), 「뜨거운 것이 좋아」(1959)가 있으며, 그윽한 눈매와 길게 빼서 그린 아이라인, 선명한 레드색상의 아웃커브 입술과 입술 옆의 점이 메이크업의 특징이다.

1960년대 서양의 화장

미국과 소련을 중심으로 한 냉전과 베트남전, 중국의 문화혁명 등의 국제적 정세 속에서 전후 베이비붐 세대인 젊은이들의 문화와 개성이 강조되어 히피라는 새로운 사회·문화 현상이 부각되었다. 문화적 전성기를 누리며 공학과 경제가 발전했다. 우주 왕복선 아폴로 호가 발사되었으며 여성들의 사회참여가 늘어났다.

기성복 산업의 발달로 팝아트, 옵아트적인 현대적 감각의 추상적 무늬, 기하학적 문양과 강렬한 색 배합들이 유행하였다. 성적 역할의 붕괴와 비틀즈룩이 유행하면서 '유니섹스'적이고 히피적인 스타일이 유행하였고, 1965년 미니스커트가 등장하였다. 1966년의 모즈룩과 남성과 여성이 거의 동일한 복장 형태인 유니섹스가 등장하였다.

60년대의 패션을 주도했던 여성은 재클린 케네디와 모델인 트위기, 브리짓 바르도 등이 있는데 아이라이너로 눈꼬리를 올리고 인조속눈썹을 붙여 눈을 강조하는 반면 입술은 윤곽만 살리고 흐린 밤색이나 핑크색, 핑크펄 등으로 글로시하게 표현하였다. 헤어는 높고 불룩한 스타일, 보이쉬, 스포티룩, 비달 사순식의 짧은 커팅 등이 유행하였다. 특히 모델 트위기의 메이크업은 젊은이들에게 선풍적인 인기를 끌었는데 눈 모양이 크고 둥글어 보이도록 한 긴 인조속눈썹으로 크고 둥근 눈을 더욱 강조했으며 입술은 펄이 가미된 연 핑크나 베이지핑크색으로 발랐다. 헤어스타일은 앞보다 뒤가 더 짧은 단발머리가 유행하였고 단발 보브 헤어 스타일과 갸르손느 헤어스타일이 유행하였다.

트위기(Twiggy)

영국출신의 전설적인 60년대의 패션모델(1949.9.19 ~)이다. 1967년 보그(Vogue)의 표지로 데뷔하여 1960년대를 대표하는 아이콘이 되었다. 가느다란 소년과 같은 몸매와 천진난만한 외모 때문에 미니스커트를 유행시켰다. 쌍커풀 라인을 강조한 둥근 눈화장과 짙은 아이라인, 과장된 짙은 속눈썹이 메이크업의 특징이다.

1970년대 서양의 화장

불경기, 오일 쇼크, 달러 쇼크, 인플레이션 현상 등 전 세계적으로 불황을 겪었던 어려운 시기이다. 기성세대에 반발하여 사회적인 불만을 표출한 펑크 스타일이라는 젊은이들의 독특한 문화가 발생했다. 70년대 중반으로 갈수록 자연스러운 모습으로 바뀌어 개성과 다양성을 존중한 시기였다.

이국적 취향, 낭만적인 스타일, 유니섹스 의복, 클래식 수트, 레이어드룩과 루스룩이 유행했다. 가죽재킷과 초미니스커트, 망으로 된 셔츠 등 기존 패션주류에 반대되는 펑크 스타일이 유행하였다.

캘리포니아 걸 스타일이 유행하였는데 어두운 파운데이션으로 자연스러운 피부표현을 하고 자연스러운 눈썹, 연한 코럴 핑크나 베이지 핑크의 입술로 표현하는 것이었다. 1970년대의 획기적인 느낌을 주었던 펑크 스타일은 진한 직선형의 눈썹, 회색과 검정, 어두운 와인계열의 섀도와 치크, 검붉은 입술의 파격적인 색상 표현과 모히칸족의 헤어스타일과 비비꼬아 폭발하는 듯한 느낌의 스파이크 헤어스타일로 연출하는 것이 유행하였다.

1980년대 서양의 화장

미소 양국에 대한 냉전체제가 서서히 풀리기 시작했다. 80년대 후반은 경제적 풍요를 바탕으로 생활의 질을 추구한 시대로서 환경, 복지 등 인간다운 삶에 대한 관심이 고조되었다.

다원화된 예술의 영향으로 패션과 미용분야에서 여러 스타일이 동시에 유행하면서 개성을 강조하고 산업화 사회로 인하여 기능적인 면을 중요시하면서 활동성에 초점을 둔 의상이 등장했다. 1980년대 중반으로 갈수록 로맨틱한 스타일이 유행했으며 성의 구별을 뛰어넘어 인간의 개성을 존중하는 앤드로 지너스룩, 사파리룩, 뉴웨이브 스타일, 레이어드룩 등이 유행하였다.

화려하면서 진한 메이크업이 유행했다. 80년대 중반부터는 복고풍의 영향으로 성숙하고 여성적인 화장이 유행했다. 80년대 후반부터 컬러보다 피부에 관심을 두기 시작하여 소피 마르소처럼 청순하고 자연스러운 메이크업이 유행하였다. 반면에 보이조지나 프린스와 같은 남자가수들은 화려한 색채화장을 하기도 했다. 헤어는 프랑스식 땋은 머리의 형태인 디스코 머리와 스파이키 헤어, 남성처럼 보이는 짧은 커트 스타일, 펑크 스타일 등이 다양하게 유행하였다.

펑크(Punk)

1970년대 중반 이후 미국의 뉴욕과 영국의 런던에서 발생한 패션룩이다. 펑크는 보잘것 없고 가치없는 사람, 젊은 불량배, 애송이 등의 의미를 가진 속어이다. 패션주류에 반발하여, 전통적인 가치관에 대해 경멸의 의미로 생겨났으며 짙은색의 아이섀도와 과장된 아이라인 표현, 검붉은 립스틱 표현이 메이크업의 포인트이다.

시대 메이크업 그레타 가르보

⏱ 40분　📋 30점　👤 모델

요구사항(2과제)

※ 지참재료 및 도구를 사용하여 아래의 요구사항에 따라 시대 메이크업(그레타 가르보)을 시험시간 내에 완성하시오.

① 과제를 수행하기 전 수험자의 손 및 도구류를 소독한 후 제시된 도면을 참고하여 시대 메이크업(그레타 가르보) 스타일을 연출하시오.

② 모델의 피부톤에 적합한 메이크업 베이스를 선택하여 얇고 고르게 펴 바르시오.

③ 눈썹은 파운데이션 등(또는 눈썹 왁스 및 실러)을 사용하여 도면과 같이 완벽하게 커버하시오.

④ 모델의 피부 톤에 맞춰 결점을 커버하여 깨끗하게 피부표현하시오.

⑤ 섀딩과 하이라이트로 윤곽 수정 후 파우더로 매트하게 마무리하시오.

⑥ 눈썹은 아치형으로 그려 그레타 가르보의 개성이 돋보이게 표현하시오.

⑦ 아이섀도의 표현은 도면과 같이 모델의 눈두덩이에 펄이 없는 갈색계열의 컬러를 이용하여 아이홀을 그리고 그라데이션하시오.

⑧ 아이라인은 속눈썹 사이를 메꾸어 그리고 도면과 같이 눈매를 교정하시오.

⑨ 뷰러를 이용하여 자연속눈썹을 컬링하시오.

⑩ 인조속눈썹은 모델 눈에 맞춰 붙이고, 깊고 그윽한 눈매를 연출하시오.

⑪ 치크는 브라운 색으로 광대뼈 아래쪽을 강하게 표현하고 얼굴 전체를 핑크톤으로 가볍게 쓸어 표현하시오.

⑫ 적당한 유분기를 가진 레드브라운 립컬러를 이용하여 인커브 형태로 바르시오.

수험자 유의사항

① 모델은 문신(눈썹, 아이라인, 입술 등), 속눈썹 연장 및 메이크업이 되어 있지 않은 상태이어야 합니다.

② 스파출라, 속눈썹 가위, 족집게, 눈썹칼 등의 도구류를 사용 전 소독제로 소독해야 합니다.

③ 메이크업 베이스, 파운데이션을 펴 바를 때 스펀지 퍼프 또는 브러시를 사용하시오.

④ 아이섀도, 치크, 립 등의 표현 시 브러시 등 적합한 도구를 사용하시오.

⑤ 화장품은 요구사항에 지정된 제형 외에는 타입에 상관없이 자유롭게 사용하시오.

2과제 시대 메이크업

세부 과정

Before

★ 모델준비
터번(헤어밴드)을 착용한다.

※ 눈에 보이는 표식(네일, 컬러링, 디자인 등)이 없어야 하며, 표식이 될 수 있는 액세서리(반지, 시계, 팔찌, 목걸이, 귀걸이 등)를 착용할 수 없다.

★ 소독하기
과제를 시술하기 전에 손과 도구류를 소독한다.

❈ 메이크업 베이스 바르기

① 모델의 피부톤에 적합한 메이크업 베이스를 선택하여 얇고 고르게 펴 바른다.
② 펴 바른 후 손가락의 지문부분으로 가볍게 밀어보아 미끈거림이 없는지 확인한다.

❈ 파운데이션 바르기

① 모델 피부톤에 맞추어 파운데이션을 펴 바른다.
② 잡티가 있는 부분은 부분적으로 한 번 더 덧바른다.
③ 잡티커버를 완벽하게 하려면 컨실러를 이용하여 커버한다.

완전합격 미용사 메이크업 실기시험문제

❈ 윤곽 수정하기

❶ 하이라이트를 이용하여 이마, 콧등, 눈 밑, 턱 끝에 발라 피부톤을 밝게 한다.
❷ 섀딩을 이용하여 코 양옆, 볼뼈 밑, 이마외곽, 턱뼈 등에 발라준다.
❸ 하이라이트와 섀딩의 경계선은 경계가 지지 않도록 그라데이션한다.

❈ 메이크업 베이스 바르기

❶ 한 개의 퍼프에 파우더를 묻혀 다른 한 개의 퍼프를 대고 골고루 비빈 다음 얼굴 외곽부위부터 얼굴 중심부위를 둥글게 피프를 눌렀다 떼었다 하는 느낌으로 펴 바른다.
❷ 다시 한 번 퍼프로 파우더를 얼굴 중심부분부터 둥글게 눌렀다 떼었다 하는 동작으로 펴 바른다.
❸ 파우더 브러시를 이용하여 피부에 남아있는 파우더를 가볍게 털어내듯 마무리한다.
❹ 파우더 브러시에 파우더를 듬뿍 묻혀 얼굴전체에 충분히 발라 매트한 피부상태로 마무리한다.

❋ 눈썹 그리기

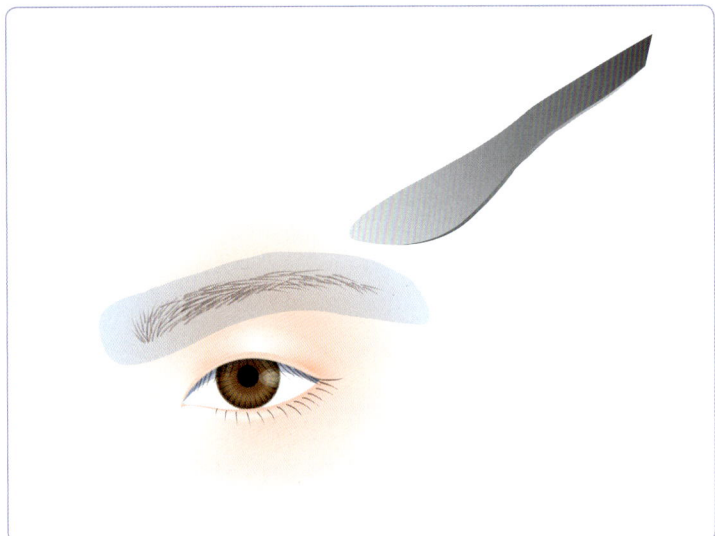

㉠ 더마왁스를 덜어 손으로 가볍게 주물러 녹인다.
㉡ 스파출라를 이용하여 눈썹 앞머리부터 얇게 덮어 씌우듯 커버한다.
㉢ 더마왁스 주변을 스파출라로 깨끗이 정리한다.

❶ 더마왁스를 이용하여 모델의 눈썹을 커버한다.
❷ 눈썹 위에 파운데이션을 바르고 파우더를 분첩으로 눌러준다.

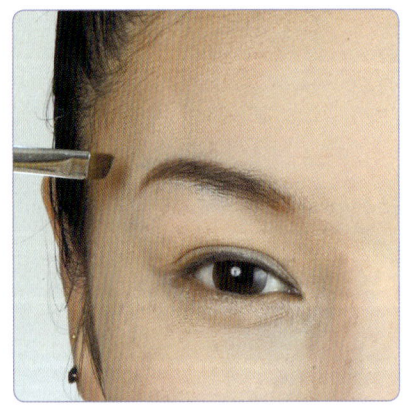

❸ 브라운색 아이브로 펜슬로 가늘고 긴 둥근 아치형 눈썹을 그린다.
❹ 눈썹용 사선 브러시를 이용하여 브라운색 아이브로 섀도를 발라 마무리한다.

❃ 아이섀도 바르기

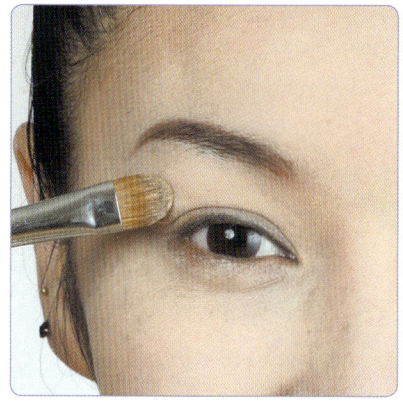

❶ 눈두덩이 전체에 펄감이 없는 아이보리색 아이섀도를 엷게 펴 바른다.

❷ 작은 포인트 브러시에 브라운색을 묻혀 쌍겹 위 1~2㎜ 정도에 아이홀 라인을 섬세하게 만든다.

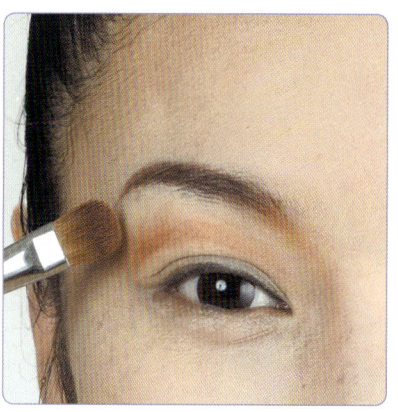

❸ 아이홀 라인 위쪽으로 브라운색을 위로 갈수록 엷어지도록 그라데이션한다.

❹ 아이섀도 색상이 묻지 않은 브러시로 브라운색 아이섀도와 연미색 아이섀도의 경계를 가볍게 쓸어주어 그라데이션한다.

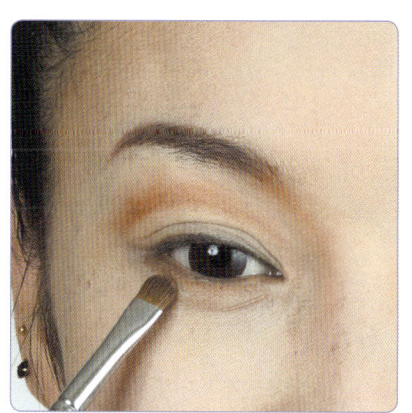

❺ 눈 밑의 언더라인도 브라운색 아이섀도를 얇고 섬세하게 발라준다.

가늘고 둥근 아치형으로

쌍겹 1~2mm 위에 브라운 라인을 그리고 위쪽으로 엷게 그라데이션

✿ 아이라인 그리기, 마스카라 바르기, 인조속눈썹 붙이기

❶ 펜슬타입 아이라이너로 속눈썹 사이를 메꾸듯이 아이라인을 그린다. 이때 언더라인도 눈꼬리 부분에서 중앙까지 1/3~1/2 정도 엷게 그린다.

❷ 아이래쉬 컬러를 사용하여 아이라인의 속눈썹부분부터 3~4번 정도 순간적으로 압착하여 모델의 속눈썹을 가볍게 집어 올려준다.

❸ 먼저 모델 속눈썹의 위에서 아랫방향으로 마스카라를 가볍게 쓸어주듯 바른다. 다시 아래에서 위쪽으로 모델의 속눈썹을 올려주듯 바른다.

❹ 모델 속눈썹의 길이의 중간부분을 아래에서 위로 지그시 눌러주어 속눈썹의 컬을 고정시켜준다. 아래 속눈썹에도 마스카라를 섬세하게 바른다.

❺ 인조속눈썹을 모델의 눈 길이에 맞추어 수정가위로 자른다.

❻ 인조속눈썹에 속눈썹 풀을 바르고 5~6초 정도 기다린 후 눈꼬리 쪽을 먼저 맞추고 중간, 앞머리 순으로 가볍게 눌러 붙인다.

❼ 인조속눈썹 풀을 한 번 더 아이라인을 그리듯 덧바르거나 떨어지기 쉬운 앞머리와 꼬리부분에 덧발라주어 마무리한다.

❽ 모델의 본래 속눈썹과 인조속눈썹이 따로 분리되어 보이지 않는지 확인하면서 한 번 더 마스카라를 아래에서 위쪽으로 발라준다.

❾ 먼저 리퀴드 아이라인을 눈 중앙부터 꼬리까지 그려준다. 인조속눈썹보다 1~2mm 정도 빼서 그린다.

❿ 그런 다음 눈앞머리에서부터 눈 중앙까지 그려서 아이라인을 연결한다.

완전합격 미용사 메이크업 실기시험문제

❀ 입술 그리기

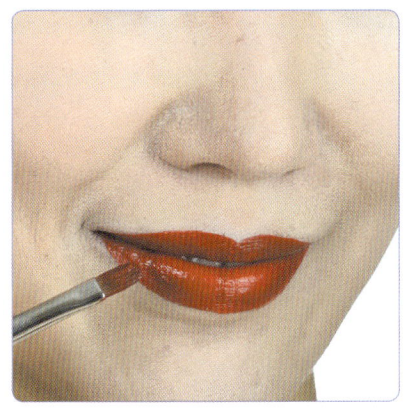
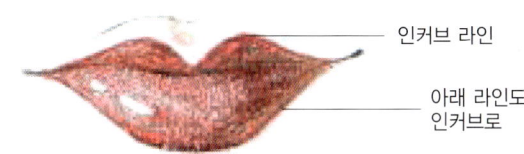

인커브 라인
아래 라인도 인커브로

❶ 입술주변에 파우더를 한 번 더 바른다.
❷ 적당한 유분기가 있는 레드브라운 립컬러를 이용하여 인커브형 태의 립라인을 그린다.
❸ 입술 안쪽에 립글로스를 살짝 덧바른다.

❀ 치크컬러 바르기

볼뼈 밑

❶ 브라운색 치크 컬러를 볼연지 브러시에 묻혀 손등에서 색감을 체크한다.
❷ 광대뼈 아래쪽을 강하게 표현한다.
❸ 얼굴전체를 핑크톤으로 가볍게 쓸어 준다.

제2과제 | 시대 메이크업

완전합격 미용사 메이크업 실기시험문제

시대 메이크업
마릴린 먼로

 40분   30점   모델

요구사항(2과제)

※ 지참재료 및 도구를 사용하여 아래의 요구사항에 따라 시대 메이크업(마릴린 먼로)을 시험시간 내에 완성하시오.

1. 과제를 수행하기 전 수험자의 손 및 도구류를 소독한 후 제시된 도면을 참고하여 시대 메이크업(마릴린 먼로) 스타일을 연출하시오.
2. 모델의 피부톤에 적합한 메이크업 베이스를 선택하여 얇고 고르게 펴 바르시오.
3. 모델의 피부톤보다 밝은 핑크톤의 파운데이션으로 표현하시오.
4. 섀딩과 하이라이트로 윤곽 수정 후 파우더로 매트하게 마무리하시오.
5. 눈썹은 브라운 색의 양미간이 좁지 않은 각진 눈썹으로 표현하시오.
6. 아이섀도는 모델의 눈두덩이를 중심으로 핑크와 베이지계열의 컬러를 이용하여 아이홀을 표현하고 그라데이션 하시오.
7. 아이홀 안쪽 눈꺼풀에 화이트 색상으로 입체감을 주고 언더에는 베이지계열의 섀도를 바르시오.
8. 아이라인은 속눈썹 사이를 메꾸어 그리고 도면과 같이 아이라인을 길게 뺀 형태의 눈매를 표현하시오.
9. 뷰러를 이용하여 자연속눈썹을 컬링하시오.
10. 인조속눈썹은 모델의 눈보다 길게 뒤로 빼서 붙여주고 깊고 그윽한 눈매를 표현하시오.
11. 치크는 핑크톤으로 광대뼈보다 아래쪽에서 구각을 향해 사선으로 바르시오.
12. 적당한 유분기를 가진 레드 립컬러를 아웃커브 형태로 바르시오.
13. 도면과 같이 마릴린 먼로의 개성이 돋보이는 점을 그리시오.

수험자 유의사항

1. 모델은 문신(눈썹, 아이라인, 입술 등), 속눈썹 연장 및 메이크업이 되어 있지 않은 상태이어야 합니다.
2. 스파츌라, 속눈썹 가위, 족집게, 눈썹칼 등의 도구류를 사용 전 소독제로 소독해야 합니다.
3. 메이크업 베이스, 파운데이션을 펴 바를 때 스펀지 퍼프 또는 브러시를 사용하시오.
4. 아이섀도, 치크, 립 등의 표현 시 브러시 등 적합한 도구를 사용하시오.
5. 화장품은 요구사항에 지정된 제형 외에는 타입에 상관없이 자유롭게 사용하시오.

2과제 시대 메이크업

🔍 세부 과정

Before

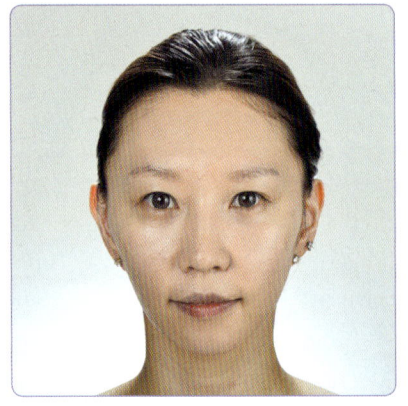

★**모델준비**
터번(헤어밴드)을 착용한다.
★**소독하기**
과제를 시술하기 전에 손을 소독한다.

❀ 메이크업 베이스 바르기

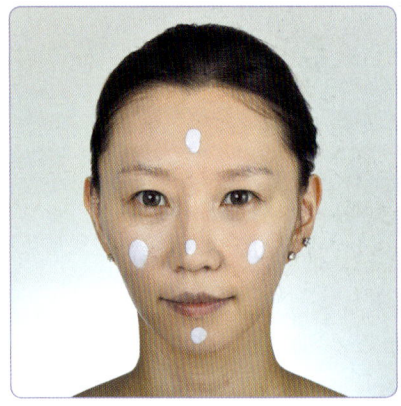

❶ 모델의 피부톤에 적합한 메이크업 베이스를 선택하여 얇고 고르게 펴 바른다.
❷ 펴 바른 후 손가락의 지문부분으로 가볍게 밀어보아 미끈거림이 없는지 확인한다.

❀ 파운데이션 바르기

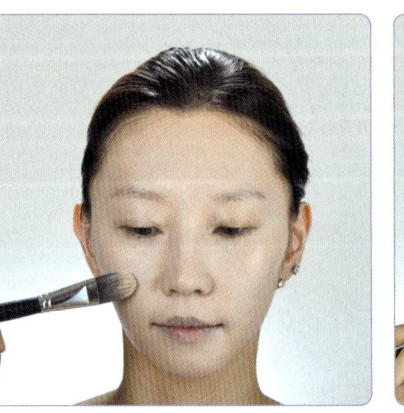
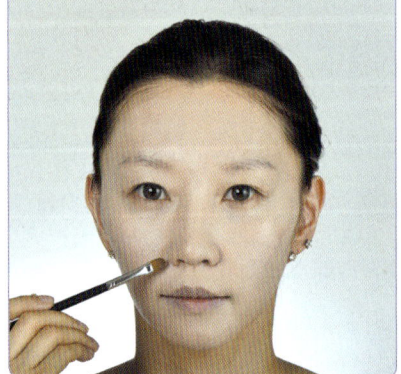

❶ 모델 피부톤보다 밝은 핑크톤의 파운데이션을 바른다.
❷ 잡티가 있는 부분은 부분적으로 한 번 더 덧바른다.
❸ 잡티커버를 완벽하게 하려면 컨실러를 이용하여 커버한다.

완전합격 미용사 메이크업 실기시험문제

❈ 윤곽 수정하기

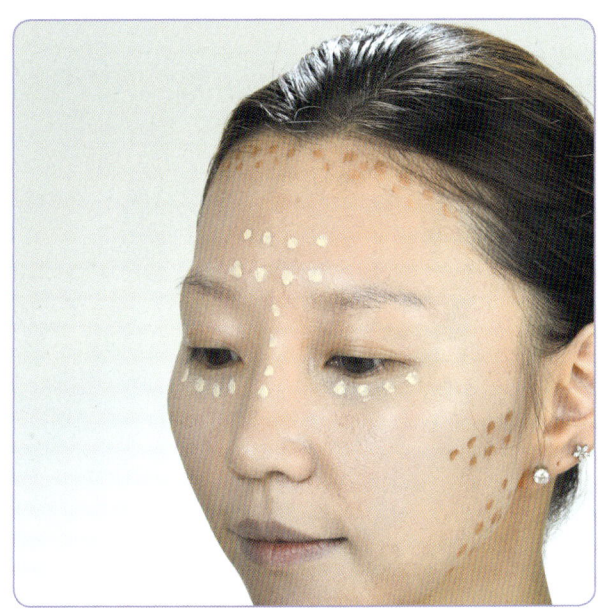

1. 하이라이트를 이용하여 이마, 콧등, 눈 밑, 턱 끝에 발라 피부톤을 밝게 한다.
2. 섀딩을 이용하여 코 양옆, 볼뼈 밑, 이마 외곽, 턱뼈 등에 발라준다.
3. 하이라이트와 섀딩의 경계선은 경계가 지지 않도록 그라데이션한다.

❈ 파우더 바르기

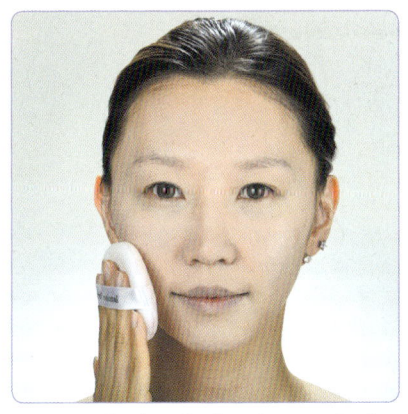
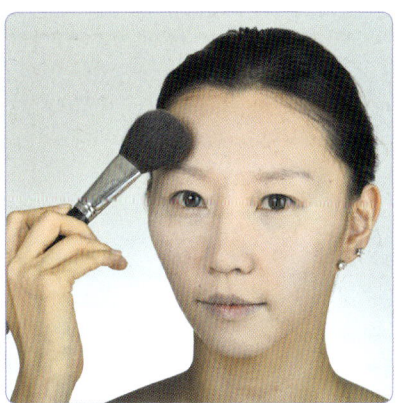

1. 한 개의 퍼프에 파우더를 묻혀 다른 한 개의 퍼프를 대고 골고루 비빈 다음 얼굴 외곽부위부터 얼굴 중심부위를 둥글게 퍼프를 눌렀다 떼었다 하는 느낌으로 펴 바른다.
2. 다시 한 번 퍼프로 파우더를 얼굴 중심 부분부터 둥글게 눌렀다 떼었다 하는 동작으로 펴 바른다.
3. 파우더 브러시를 이용하여 피부에 남아있는 파우더를 가볍게 털어내듯 마무리한다.
4. 파우더 브러시에 파우더를 듬뿍 묻혀 얼굴전체에 충분히 발라 매트한 상태로 마무리한다.

제2과제 | 시대 메이크업

2 과제 시대 메이크업

❋ 눈썹 그리기

❶ 흑갈색 아이브로 펜슬로 보통 눈썹두께인 5~7mm로 눈썹산을 살려 각진 눈썹으로 그린다.
❷ 눈썹산을 눈썹길이의 2/3에 둔다.
❸ 흑갈색 아이브로 펜슬로 눈썹산에서 눈썹꼬리를 먼저 그린다.
❹ 흑갈색 아이브로 펜슬로 눈썹앞머리에서 눈썹산까지를 사선적으로 그린 다음 눈썹산을 각지게 살린다.
❺ 흑갈색 아이브로 섀도를 눈썹 사선브러시로 살짝 덧바른다.
❻ 눈앞머리쪽은 중간크기 아이섀도 폭 1cm 정도의 브러시를 이용하여 얇게 펴 발라준다.

눈썹에 각을 준 각진 눈썹
눈썹두께 5~7mm
눈썹 앞머리 1cm 정도 폭

핑크
베이지
화이트

아이라인 꼬리를 길게 뒤로 빼서 그린다.

❋ 아이섀도 바르기

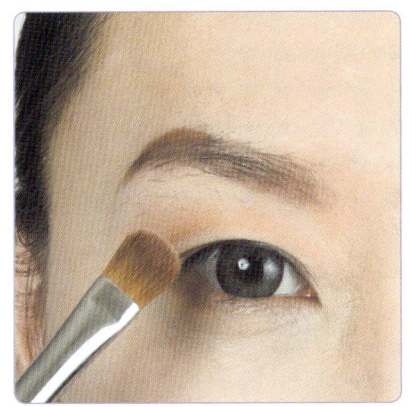

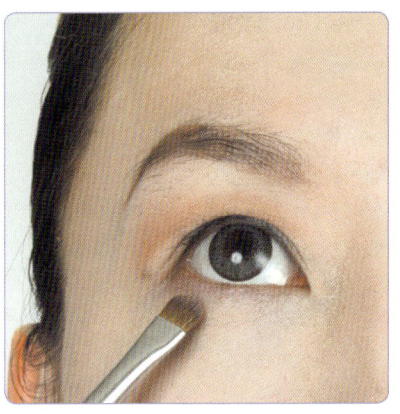

❶ 흰색 아이섀도를 눈두덩이 전체에 엷게 펴 바른다.

❷ 작은 포인트 브러시에 핑크베이지 색상 아이섀도를 묻혀 쌍겹위 1~2㎜ 정도에 아이홀 라인을 섬세하게 만든다.

❸ 아이홀 라인 위쪽으로 핑크베이지 색상 아이섀도로 위로 갈수록 엷어지도록 그라데이션한다.

❹ 아이홀 안쪽 눈꺼풀에 화이트로 입체감을 준다.

❺ 언더라인에는 베이지 색상의 아이섀도를 발라준다.

❋ 아이라인 그리기, 마스카라 바르기, 인조속눈썹 붙이기

❶ 펜슬타입 아이라이너로 속눈썹 사이를 메꾸듯이 아이라인을 그린다. 이때 언더라인도 눈꼬리 부분에서 중앙까지 1/3~1/2 정도 엷게 그린다.

❷ 아이래쉬 컬러를 사용하여 아이라인의 속눈썹 부분부터 3~4번 정도 순간적으로 압착하여 모델의 속눈썹을 가볍게 집어 올려준다.

2과제 시대 메이크업

❸ 마스카라 용기에서 브러시를 살짝 올려가면서 빼어내어 내용물의 양을 조절한다.

❹ 먼저 모델 속눈썹의 위에서 아랫방향으로 마스카라를 가볍게 쓸어주듯 바른다.

❺ 다시 아래에서 위쪽으로 모델의 속눈썹을 올려주듯 바른다.

❻ 모델 속눈썹 길이의 중간부분을 아래에서 위로 지그시 눌러주어 속눈썹의 컬을 고정시켜준다. 아래 속눈썹에도 마스카라를 섬세하게 바른다.

❼ 인조속눈썹을 모델의 눈 길이에 맞추어 수정가위로 자른다. 뷰티메이크업의 경우, 보통 눈앞머리보다 1㎜ 짧게, 눈꼬리 쪽도 1㎜ 정도 짧게 자르는 것이 적당하다. 인조속눈썹도 눈앞머리 쪽보다 눈꼬리 쪽을 길게 정리하는 것이 좋다.

❽ 인조속눈썹에 속눈썹 풀을 바르고 5~6초 정도 기다린 다음 눈꼬리 쪽을 먼저 맞춘 후 중간, 앞머리 순으로 가볍게 눌러 붙인다.

❾ 인조속눈썹 풀을 한 번 더 아이라인을 그리듯 덧바르거나 떨어지기 쉬운 앞머리와 꼬리부분에 덧발라주어 마무리한다.

❿ 모델의 본래 속눈썹과 인조속눈썹이 따로 분리되어 보이지 않는지 확인하면서 한 번 더 마스카라를 아래에서 위쪽으로 발라준다.

⓫ 그런 다음 눈앞머리에서부터 눈 중앙까지 그려서 아이라인을 연결한다. 아이라인을 눈꼬리 쪽을 강조하여 조금 짙고 길게 빼주듯 그려주어 깊고 그윽한 눈매로 표현한다.

완전합격 미용사 메이크업 실기시험문제

❋ 입술 그리기

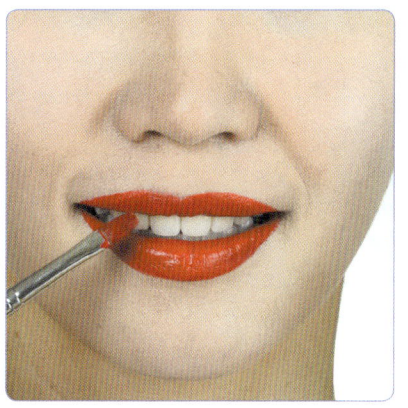

레드컬러로 입술산과 산의 거리가 멀게 그린다.

아랫 입술도 U자로 도톰하게 그린다.

❶ 입술주변에 파우더를 한 번 더 바른다.
❷ 적당한 유분기가 있는 레드컬러 립스틱을 립브러시에 묻힌 다음 아웃커브로 립 라인을 그린다.

❋ 치크컬러 바르기

광대뼈보다 아랫쪽에서 구각(입술끝)을 향해 사선으로

❶ 핑크색상을 볼연지 브러시에 묻혀, 손등에서 색감을 체크한다.
❷ 광대뼈 아랫쪽에서 구각(입술끝)을 향해 사선으로 바른다.
❸ 볼연지 바른 주변을 파우더 브러시로 가볍게 쓸어주거나 분첩에 남은 여분으로 가볍게 눌러주어 마무리한다.

❋ 점 그리기

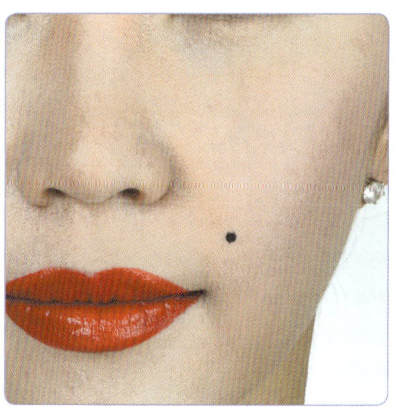

❶ 마릴린 먼로의 개성이 돋보이는 점을 콧방울과 입끝 사이에 그린다.

제2과제 | 시대 메이크업 101

2과제 시대 메이크업

❋ 완성

before

[피부표현]
피부톤에 적합한 메이크업 베이스
피부톤보다 밝은 핑크톤의 파운데이션
윤곽수정 후 파우더로 매트하게

[아이라인]
속눈썹 사이를 메꾸어 길게 뺀
형태의 눈매
뷰러로 자연속눈썹 컬링
인조속눈썹 눈보다 길게 붙이기

[치크]
핑크톤 : 광대뼈보다
아래쪽에서 구각을 향해 사선으로

[립]
적당한 유분기의 레드 :
아웃커브 형태

[눈썹]
브라운색 : 양 미간이 좁지 않은 각진 눈썹

[아이섀도]
핑크, 베이지계열 : 아이홀 표현
화이트 : 아이홀 안쪽 눈꺼풀
베이지 : 언더

[점]

After

완전합격 미용사 메이크업 실기시험문제

시대 메이크업 트위기

 40분   30점   모델

요구사항(2과제)

※ 지참재료 및 도구를 사용하여 아래의 요구사항에 따라 시대 메이크업(트위기)을 시험시간 내에 완성하시오.

① 과제를 수행하기 전 수험자의 손 및 도구류를 소독한 후 제시된 도면을 참고하여 시대 메이크업(트위기) 스타일을 연출하시오.

② 모델의 피부톤에 적합한 메이크업 베이스를 선택하여 얇고 고르게 펴 바르시오.

③ 베이스 메이크업은 모델 피부색과 비슷한 리퀴드 또는 크림 파운데이션을 사용하시오.

④ 파운데이션은 두껍지 않게 골고루 펴 바르며 파우더를 사용하여 마무리하시오.

⑤ 눈썹의 표현은 도면과 같이 자연스러운 브라운 컬러로 눈썹산을 강조하여 그리시오.

⑥ 아이섀도는 화이트 베이스 컬러와 핑크, 네이비, 그레이, 어두운 청색 등을 사용하여 인위적인 쌍꺼풀 라인을 표현하시오.

⑦ 쌍꺼풀 라인과 아이라인의 선이 선명하도록 강조하여 그라데이션하고 화이트로 쌍꺼풀 안쪽 및 눈썹 아래 부위를 하이라이트하시오.

⑧ 아이라인은 선명하게 그리고 도면과 같이 눈매를 교정하시오.

⑨ 뷰러를 이용하여 자연속눈썹을 컬링한 후 마스카라를 바르고 인조속눈썹을 붙여 눈매를 강조하시오.

⑩ 도면과 같이 과장된 속눈썹 표현을 위해 언더 속눈썹에 마스카라를 한 후 아이라이너를 사용하여 그리거나 인조속눈썹을 잘라 붙여 표현하시오.

⑪ 치크는 핑크 및 라이트 브라운 색으로 애플존 위치에 둥근 느낌으로 바르시오.

⑫ 베이지 핑크색의 립컬러를 자연스럽게 발라 마무리하시오.

수험자 유의사항

① 모델은 문신(눈썹, 아이라인, 입술 등), 속눈썹 연장 및 메이크업이 되어 있지 않은 상태이어야 합니다.

② 스파출라, 속눈썹 가위, 족집게, 눈썹칼 등의 도구류를 사용 전 소독제로 소독해야 합니다.

③ 메이크업 베이스, 파운데이션을 펴 바를 때 스펀지 퍼프 또는 브러시를 사용하시오.

④ 아이섀도, 치크, 립 등의 표현 시 브러시 등 적합한 도구를 사용하시오.

⑤ 화장품은 요구사항에 지정된 제형 외에는 타입에 상관없이 자유롭게 사용하시오.

2 과제 시대 메이크업

 세부 과정

Before

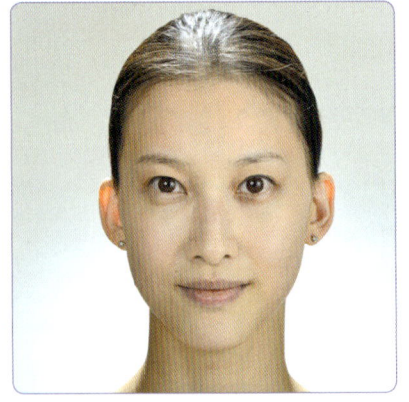

★ 모델준비

★ 소독하기

❊ 메이크업 베이스 바르기

❶ 피부톤에 적합한 메이크업 베이스를 선택한다.
❷ 0.5g 정도의 양으로 얼굴전체에 얇고 고르게 펴 바른다.

❊ 파운데이션 바르기

❶ 모델 피부톤과 비슷한 색상의 리퀴드 파운데이션 또는 크림 파운데이션을 골고루 펴 바른다.
❷ 파운데이션은 두껍지 않게 골고루 펴 발라 마무리한다. 피부의 주근깨가 자연스럽게 노출되어도 무방하다.

❊ 파우더 바르기

❶ 파우더는 가볍게 처리하기 위해 브러시를 이용한다.
❷ 파우더 브러시에 투명파우더를 덜어 가볍게 묻힌 다음 피부를 쓰다듬듯이 펴 바른다.
❸ 가볍게 스치듯이 발라 투명하게 마무리한다.

❋ 눈썹 그리기

① 흑갈색 아이브로 펜슬로 눈썹산을 강조하여 그린다.
② 눈썹두께는 5㎜ 정도로 두껍지 않고 다소 가늘게 그리는 것이 좋다.
③ 흑갈색 아이브로 펜슬로 눈썹산에서 눈썹꼬리를 먼저 그린다.
④ 눈썹앞머리에서 눈썹산까지를 자연스럽게 연결한다.
⑤ 흑갈색 아이브로 섀도를 눈썹용 사선브러시로 살짝 덧바른다.
⑥ 눈앞머리 쪽은 중간크기 아이섀도 폭 1㎝ 정도의 브러시를 이용하여 엷게 펴 발라준다.

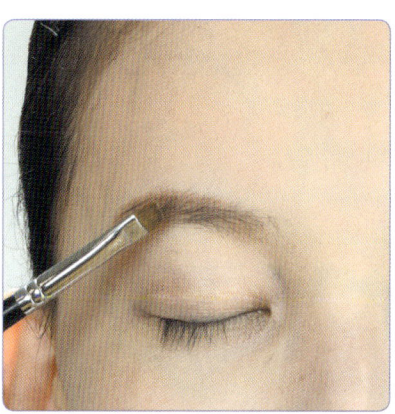

자연스러운 브라운 컬러로 눈썹산을 강조한 각진 눈썹

✿ 아이섀도 바르기

 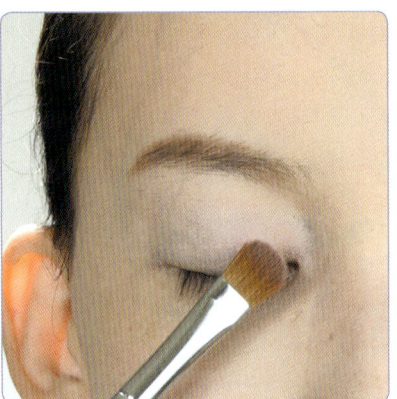

❶ 다소 길이가 길고 폭이 1~1.5㎝ 정도인 아이섀도 브러시에 화이트색 아이섀도를 묻혀 손등에서 색감을 체크한다.
❷ 화이트색 아이섀도를 모델의 눈두덩이 전체에 펴 발라준다.
❸ 눈앞머리 부분에 핑크색을 펴 발라준다.

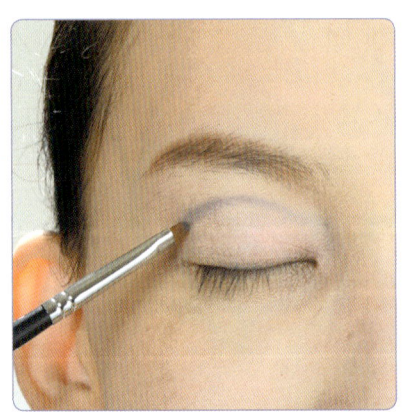 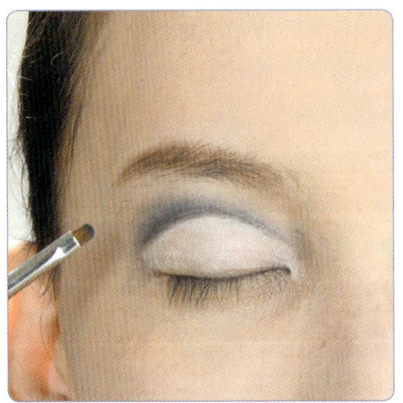 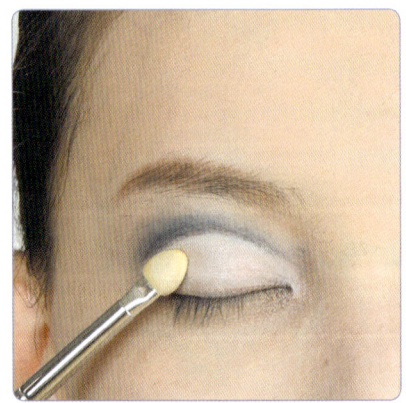

❹ 쌍겹라인 부분에 네이비 색상으로 아이라인선이 선명하도록 강조한 다음 그레이와 어두운 청색으로 그라데이션한다.
❺ 화이트로 쌍꺼풀 안쪽과 눈썹아래부분을 밝게 하이라이트한다.

완전합격 미용사 메이크업 실기시험문제

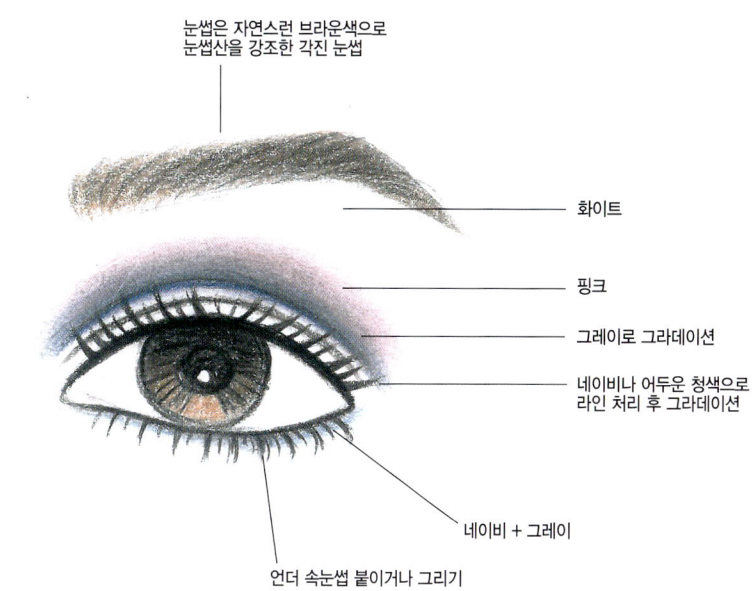

눈썹은 자연스런 브라운색으로 눈썹산을 강조한 각진 눈썹

화이트

핑크

그레이로 그라데이션

네이비나 어두운 청색으로 라인 처리 후 그라데이션

네이비 + 그레이

언더 속눈썹 붙이거나 그리기

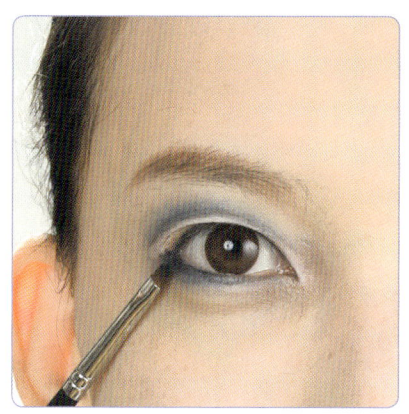

❻ 눈밑의 언더라인도 네이비 색상 아이섀도로 섬세하게 전체적으로 발라준다.

❈ 아이라인 그리기, 마스카라 바르기, 인조속눈썹 붙이기

❶ 펜슬타입 아이라이너로 속눈썹 사이를 메꾸듯이 아이라인을 그린다. 이때 언더라인도 눈꼬리 부분에서 중앙까지 1/3~1/2 정도 엷게 그린다.

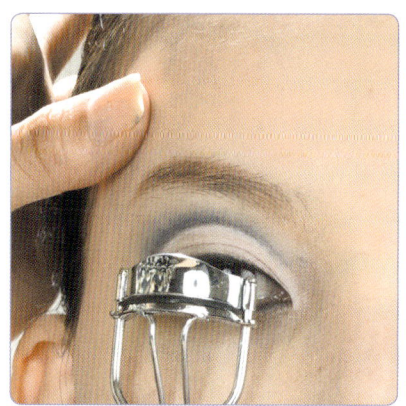

❷ 아이래쉬 컬러를 사용하여 아이라인의 속눈썹 부분부터 3~4번 정도 순간적으로 압착하여 모델의 속눈썹을 가볍게 집어 올려준다.

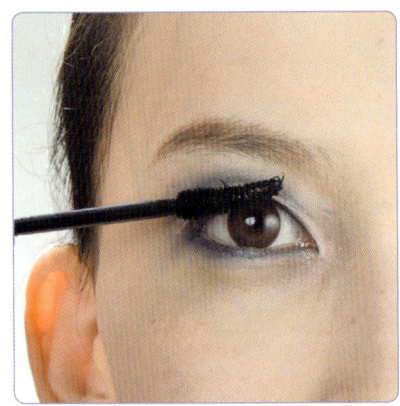

❸ 마스카라 용기에서 브러시를 살짝 올려가면서 빼어내어 내용물의 양을 조절한다.
❹ 먼저 모델 속눈썹의 위에서 아랫방향으로 마스카라를 가볍게 쓸어주듯 바른다.
❺ 다시 아래에서 위쪽으로 모델의 속눈썹을 올려주듯 바른다.
❻ 모델 속눈썹 길이의 중간부분을 아래에서 위로 지그시 눌러주어 속눈썹의 컬을 고정시켜 준다.

❼ 인조속눈썹은 속눈썹길이가 조금 긴 것을 선택하고 중간부분이 길고 앞머리와 꼬리를 조금 짧게 정리한다.
❽ 인조속눈썹에 속눈썹 풀을 바르고 5~6초 정도 기다린 다음 눈꼬리 쪽을 먼저 맞추고 난 후 중간, 앞머리 순으로 가볍게 눌러 붙인다.
❾ 인조속눈썹 풀을 한 번 더 아이라인을 그리듯 덧바르거나 떨어지기 쉬운 앞머리와 꼬리부분에 덧발라주어 마무리한다.
❿ 모델의 본래 속눈썹과 인조속눈썹이 따로 분리되어 보이지 않는지 확인하면서 한 번 더 마스카라를 아래에서 위쪽으로 발라준다.

⓫ 이때 언더속눈썹에도 마스카라한 후 아이라이너로 언더속눈썹을 그린다.
⓬ 눈 중앙 부분의 아이라인 두께를 조금 두껍게 그리며 눈꼬리의 아이라인은 빼지 않고 모델의 눈길이까지 그린다.
⓭ 모델의 눈을 감게 하여 건조시킨 다음 눈을 뜨게 한 상태의 아이라인을 점검한다.

완전합격 미용사 메이크업 실기시험문제

❋ 입술 그리기

① 입술주변에 파우더를 한 번 더 바른다.
② 베이지 핑크색 립스틱으로 모델의 입술모양대로 립라인을 그려준다.
③ 입술 안쪽을 메꾸어준다.

애플존에 핑크 및 라이트 브라운색으로 둥근 느낌

베이지 핑크로 자연스럽게

❋ 치크

① 핑크 및 라이트 브라운색으로 애플존 위치에 둥근 느낌으로 바른다.

제2과제 | 시대 메이크업　111

2과제 시대 메이크업

❀ 완성

before

[아이섀도]
화이트 베이스, 핑크, 네이비, 그레이, 어두운 청색 : 인위적인 쌍꺼풀 라인
화이트 : 쌍꺼풀 안쪽, 눈썹 아래 하이라이트

[눈썹]
자연스러운 브라운 컬러 : 눈썹산 강조

[피부표현]
피부톤에 적합한 메이크업 베이스
모델 피부색과 비슷한 파운데이션

[아이라인]
선명하게 그리기
뷰러로 자연속눈썹 컬링
마스카라
인조속눈썹 붙이기
언더속눈썹에 마스카라 후 아이라이너로 그리거나 인조속눈썹 붙이기

[치크]
핑크 및 라이트 브라운 : 애플존 위치에 둥근 느낌으로

[립]
베이지 핑크색 : 자연스럽게

After

 도면

시대 메이크업
펑크

 40분　 30점　 모델

요구사항(2과제)

※ **지참재료 및 도구를 사용하여 아래의 요구사항에 따라 시대 메이크업(펑크)을 시험시간 내에 완성하시오.**

1. 과제를 수행하기 전 수험자의 손 및 도구류를 소독한 후 제시된 도면을 참고하여 시대 메이크업(펑크) 스타일을 연출하시오.
2. 모델의 피부톤에 적합한 메이크업 베이스를 선택하여 얇고 고르게 펴 바르시오.
3. 베이스 메이크업은 크림 파운데이션을 사용하여 창백하게 피부표현하시오.
4. 피부의 결점 등을 커버하기 위하여 컨실러 등을 사용할 수 있으며 파우더를 이용하여 매트하게 표현하시오.
5. 눈썹은 도면과 같이 눈썹의 결을 강조하여 짙고 강하게 그리시오.
6. 아이섀도의 표현은 화이트, 베이지, 그레이, 블랙 등의 컬러를 이용하여 아이홀을 강하게 표현하시오.
7. 아이홀은 눈꼬리에서 앞머리 쪽으로 그리고 아이홀의 눈꼬리 1/3 부분을 검은색 아이섀도나 아이라이너를 이용하여 채우고 도면과 같이 그라데이션하시오.
8. 아이라인은 검은색을 이용하여 아이홀 라인을 바깥쪽으로 과장되게 그려 도면과 같이 표현하시오.
9. 언더라인은 위쪽 라인까지 연결하여 강하게 표현하시오.
10. 속눈썹은 뷰러를 이용하여 자연속눈썹을 컬링한 후 마스카라를 바르고, 모델의 눈에 맞게 인조속눈썹을 붙이시오.
11. 치크는 레드브라운색으로 얼굴 앞쪽을 향하여 사선으로 선을 그리듯 강하게 바르시오.
12. 립은 검붉은색을 이용하여 펴 바르고 입술라인을 선명하게 표현하시오.

수험자 유의사항

1. 모델은 문신(눈썹, 아이라인, 입술 등), 속눈썹 연장 및 메이크업이 되어 있지 않은 상태이이어야 합니다.
2. 스파출라, 속눈썹 가위, 족집게, 눈썹칼 등의 도구류를 사용 전 소독제로 소독해야 합니다.
3. 메이크업 베이스, 파운데이션을 펴 바를 때 스펀지 퍼프 또는 브러시를 사용하시오.
4. 아이섀도, 치크, 립 등의 표현 시 브러시 등 적합한 도구를 사용하시오.
5. 화장품은 요구사항에 지정된 제형 외에는 타입에 상관없이 자유롭게 사용하시오.

2과제 시대 메이크업

 세부 과정

Before

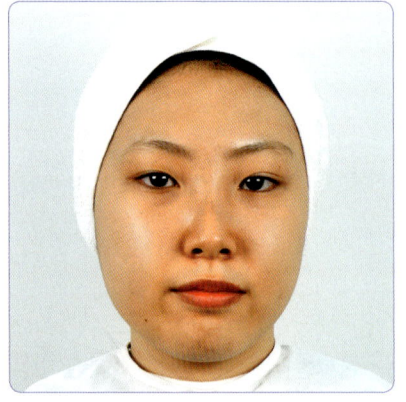

★모델준비
★소독하기

❀ 메이크업 베이스 바르기

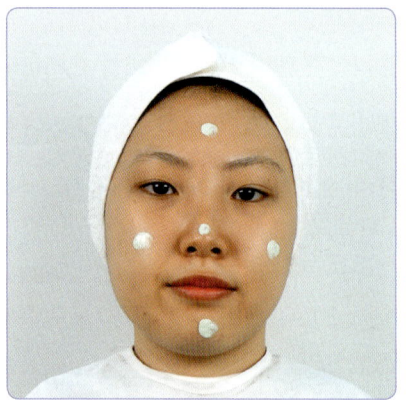

❶ 모델의 피부톤에 적합한 메이크업 베이스를 선택하여 얇고 고르게 펴 바른다.
❷ 펴 바른 후 손가락의 지문부분으로 가볍게 밀어보아 미끈거림이 없는지 확인한다.

❀ 파운데이션 바르기

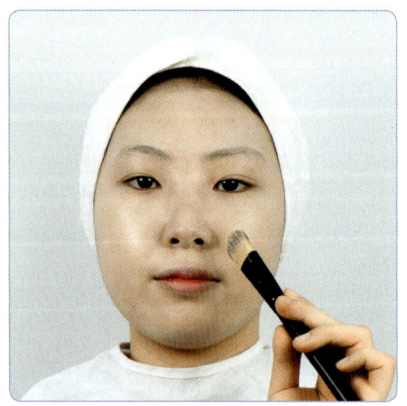

❶ 모델 피부톤보다 밝고 흰 톤의 크림타입 파운데이션 색상을 발라 창백한 피부로 표현한다.
❷ 잡티가 있는 부분은 부분적으로 한 번 더 덧바른다.
❸ 잡티커버를 완벽하게 하려면 컨실러를 이용하여 커버한다.

❋ 파우더 바르기

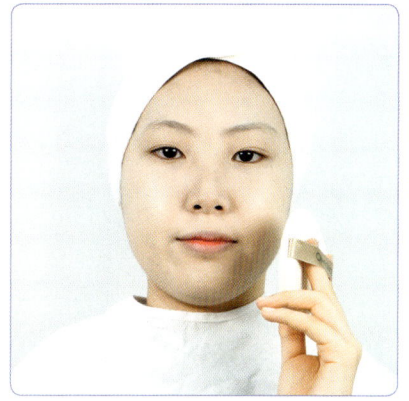 

❶ 한 개의 퍼프에 파우더를 묻혀 다른 한 개의 퍼프를 대고 골고루 비빈 다음 얼굴 외곽부위부터 얼굴 중심부위를 둥글게 퍼프를 눌렀다 떼었다 하는 느낌으로 펴 바른다.
❷ 다시 한 번 퍼프로 파우더를 얼굴 중심부분부터 둥글게 눌렀다 떼었다 하는 동작으로 펴 바른다.
❸ 파우더 브러시에 파우더를 듬뿍 묻혀 피부에 충분히 펴 발라 매트한 피부로 표현한다.

❋ 눈썹 그리기

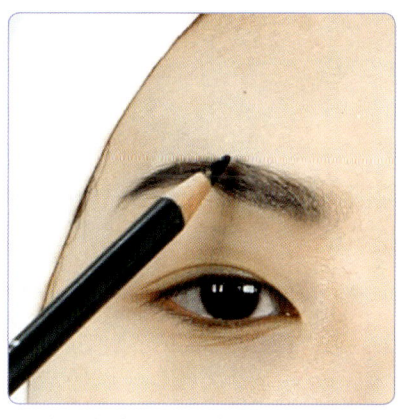 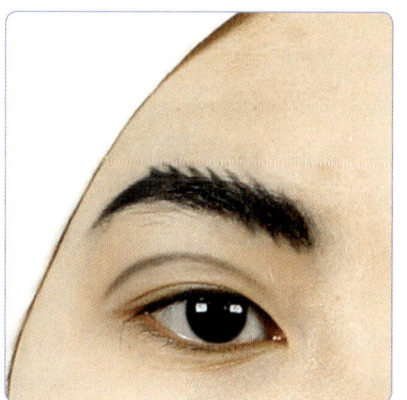

❶ 검은색 아이브로 펜슬로 눈썹결을 살려 강하고 진하게 그린다.
❷ 눈썹형은 사선적으로 올라가는 화살형 눈썹으로 눈썹꼬리를 올려준다.
❸ 검은색 아이브로 섀도를 눈썹용 사선 브러시로 덧바른다.
❹ 눈앞머리부분은 검은색으로 강하게 아이브로 섀도를 바른다.
❺ 눈썹 앞머리에서 노즈섀도를 살짝 연결한다.

❋ 아이섀도 바르기

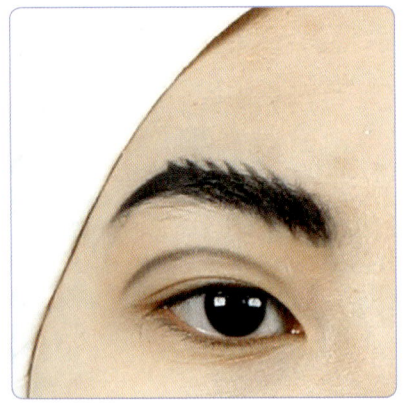
❶ 검은색 아이섀도로 눈꼬리에서 앞머리쪽으로 아이홀을 만들어준다. 이때 검정색 아이라이너 펜슬을 사용해도 효과적이다.

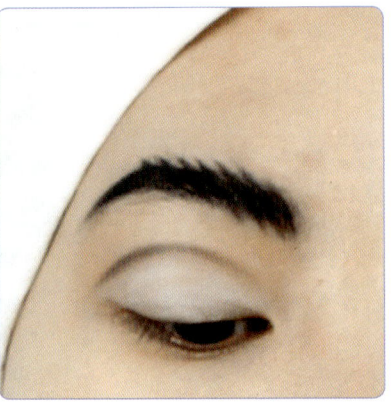
❷ 먼저 길이가 길고 폭이 1~1.5㎝ 정도의 아이섀도 브러시로 화이트색 아이섀도를 묻혀 눈두덩이 전체에 펴 바른다.

❸ 아이홀의 눈꼬리 1/3부분을 검은색 아이섀도로 그라데이션한다.
❹ 검은색 펜슬로 아이라인을 선명하게 강조해준다.

❺ 검은색 아이라이너 펜슬을 이용하여 언더라인도 진하게 그려준다.

❻ 아이홀라인 위쪽으로 펜슬 아이라이너를 이용하여 눈꼬리쪽 아이라인을 4개 정도 그려준다.

❼ 펜슬로 그린 눈꼬리쪽 아이라인 위에 리퀴드 아이라이너를 이용하여 덧바르듯 그려준다.

완전합격 미용사 메이크업 실기시험문제

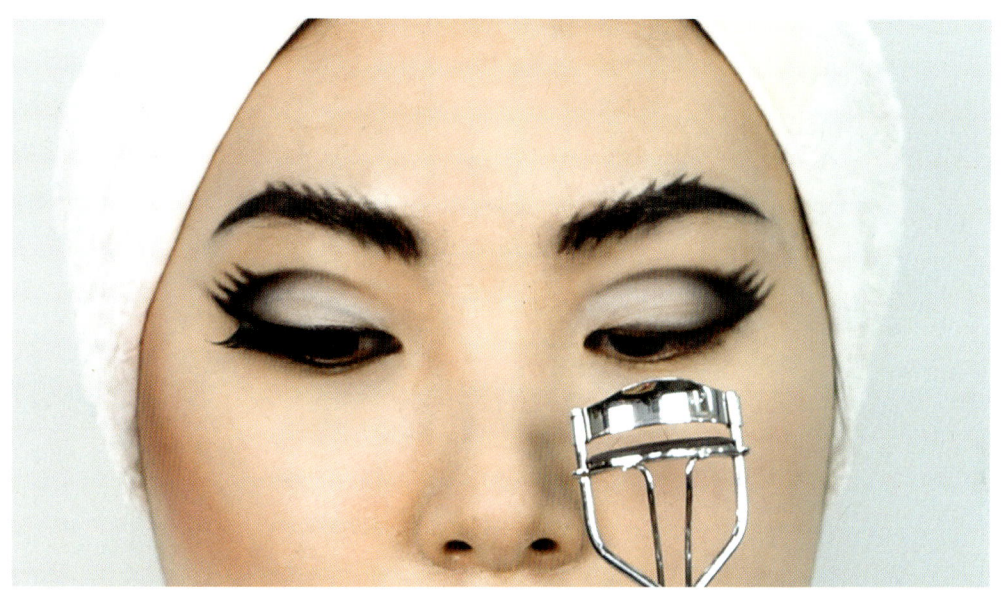

❀ 마스카라 바르기, 인조속눈썹 붙이기

❶ 아이래쉬 컬러를 사용하여 아이라인의 속눈썹 부분부터 3~4번 정도 순간적으로 압착하여 모델의 속눈썹을 가볍게 집어 올려준다.

❷ 마스카라 용기에서 브러시를 살짝 돌려가면서 빼어내어 내용물 양을 조절한다.

❸ 먼저 모델 속눈썹의 위에서 아랫방향으로 마스카라를 가볍게 쓸어주듯 바른다.

❹ 다시 아래에서 위쪽으로 모델의 속눈썹을 올려주듯 바른다.

❺ 모델 속눈썹의 길이의 중간부분을 아래에서 위로 지긋이 눌러주어 속눈썹의 컬을 고정시켜준다.

제2과제 | 시대 메이크업

❻ 인조속눈썹을 모델의 눈 길이에 맞추어 수정가위로 자른다. 뷰티 메이크업의 경우, 보통 눈앞머리보다 1mm 짧게, 눈꼬리 쪽도 1mm 정도 짧게 자르는 것이 적당하다. 속눈썹은 숱이 많고 길이가 긴 것이 좋으며 눈꼬리 쪽이 더 길도록 정리한다.

❼ 인조속눈썹에 속눈썹 풀을 바르고 5~6초 정도 기다린 다음 눈꼬리 쪽을 먼저 맞추고 난 후 중간, 앞머리 순으로 가볍게 눌러 붙인다.

❽ 인조속눈썹 풀을 한 번 더 아이라인을 그리듯 덧바르거나 떨어지기 쉬운 앞머리와 꼬리부분에 덧발라주어 마무리한다.

❾ 모델의 본래 속눈썹과 인조속눈썹이 따로 분리되어 보이지 않는지 확인하면서 한 번 더 마스카라를 아래에서 위쪽으로 발라준다.

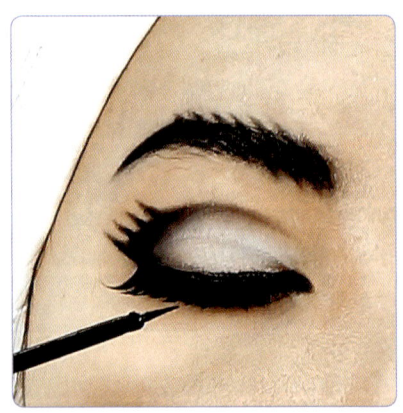

❿ 리퀴드 아이라인을 눈 중앙부터 꼬리까지 두껍게 그려주며 인조속눈썹과 연결하여 3~4㎜ 정도 더 길게 상승형으로 그려준다.

⓫ 그런 다음 눈앞머리에서부터 눈 중앙까지 그려서 아이라인을 연결한다.

⓬ 모델의 눈을 감게 하여 리퀴드 아이라인을 완전히 건조시킨 후 눈을 뜨게 하여 눈을 뜬 상태의 아이라인을 점검한다.

완전합격 미용사 메이크업 실기시험문제

❋ 입술 그리기

검붉은색으로 립라인 선명하게

① 입술주변에 파우더를 한 번 더 바른다.
② 검붉은 색상을 립브러시에 묻힌 다음 입술산을 각지게 한 모양으로 입술라인을 선명하게 그린다.
③ 립라인 안쪽을 검붉은 색상으로 바른다.

❋ 치크컬러 바르기

얼굴 옆쪽을 향하여
사선으로 선을 그리듯

① 레드브라운 색상의 치크컬러를 볼연지에 묻혀 손등에서 색감을 체크한다.
② 볼연지 브러시를 얼굴앞쪽을 향하여 사선으로 선을 그리듯 강하게 바른다.
③ 주변의 색상과 자연스럽게 그라데이션되도록 마무리한다.

제2과제 | 시대 메이크업

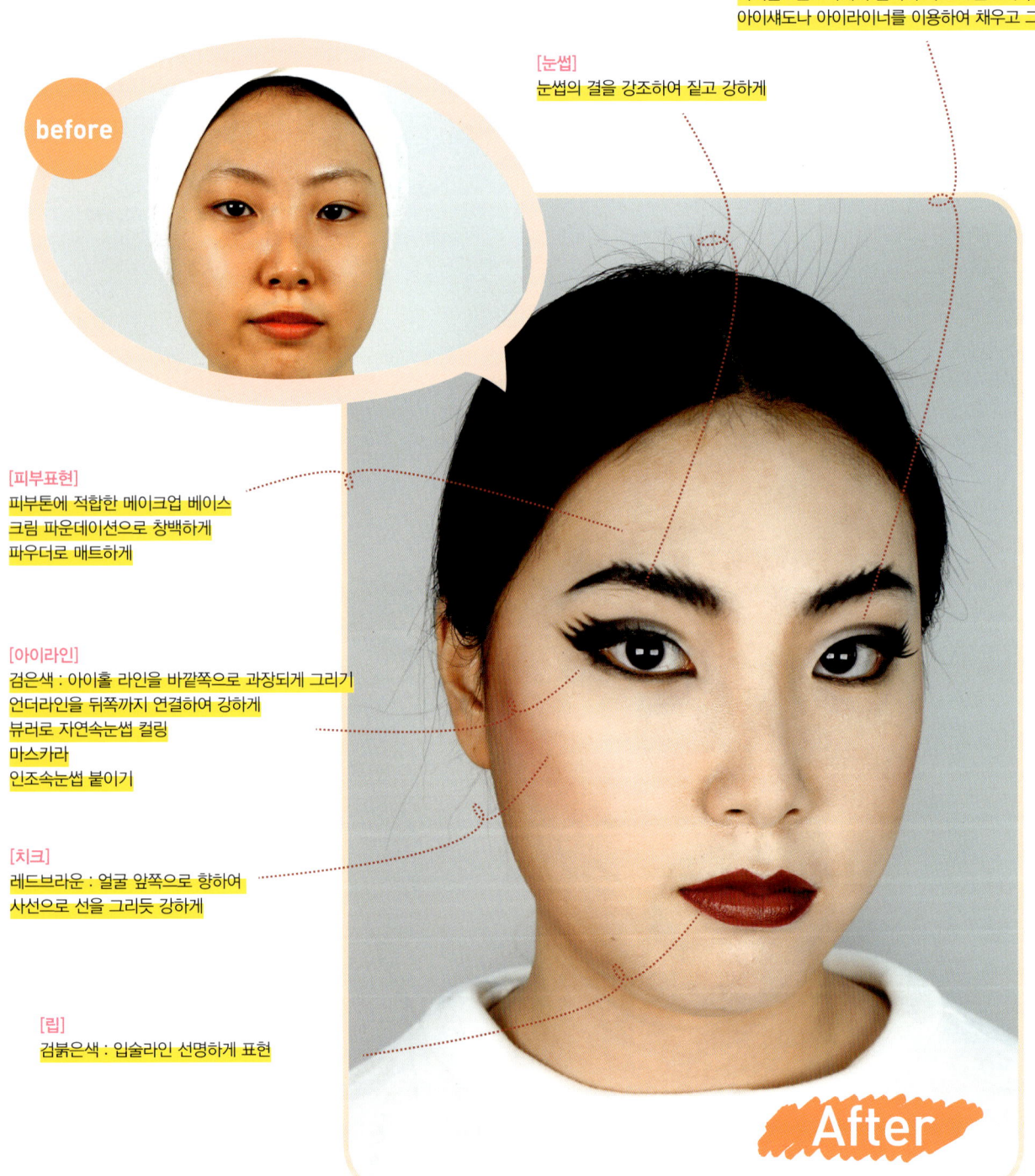

완전합격 미용사 메이크업 실기시험문제

제2과제 | 시대 메이크업

3 과제

캐릭터 메이크업

1 이미지(레오파드)
2 무용(한국)
3 무용(발레)
4 노인(추면)

작업시간	50분	작업대상	모델
배점	25점	세부과제	4과제 중 1과제 선정

레오파드

무용 (한국)

무용 (발레)

노인

3과제 캐릭터 메이크업

캐릭터 메이크업이란

캐릭터 메이크업은 본래의 배우 모습을 표현하기보다는 시나리오, 대본 등에서 제시하는 캐릭터를 표현하는 메이크업을 말한다. 캐릭터 메이크업은 바보, 노인, 마귀와 같은 성격묘사의 캐릭터 메이크업이 있고, 동물이나 기타 주변 환경에서 볼 수 있는 것의 특징을 이미지화한 것이 있다.

효과적인 캐릭터 메이크업의 표현을 위해서는 메이크업 아티스트의 뛰어난 기술과 디자인 능력은 물론이고, 캐릭터 메이크업에 필요한 다양한 재료들의 특성에 관한 이해가 반드시 필요하다. 따라서 표현하고자 하는 상황 설정에 가장 효과적인 재료를 선택하여 올바르게 사용하고 적용함으로써 보다 훌륭한 효과를 얻을 수 있다고 하겠다. 즉, 다양한 캐릭터 표현을 위한 다양한 재료의 사용과 상황에 맞는 적절한 재료 선택에 대한 지식은 메이크업 아티스트로서 갖추어야 할 중요한 자질 중의 하나라고 할 수 있다.

레오파드 메이크업

레오파드 메이크업은 레오파드 동물의 모습을 이미지화하여 디자인한 메이크업이다. 레오파드 메이크업은 아트 메이크업의 기본이 된다.

무용 메이크업

무용은 신체의 움직임으로 아름다운 선과 공간을 만들어내는 예술로 발레, 현대 무용, 한국 무용 등으로 종류가 나누어진다. 무용극을 위한 메이크업을 할 때는 무엇보다도 땀이나 격렬한 동작에 지워지지 않게 화장을 해야 하며 어디까지나 아름다움을 표현하는 장르이므로 미적으로도 신경을 써야 한다.

한국무용

한국무용 메이크업 한국의 전통적인 무용을 위한 무대공연 메이크업으로서 한국의 전통적인 의상과 헤어스타일에 조화되도록 하며 무대조명과 무대환경을 고려하여 무용수와 관객과의 거리를 고려하여 짙은 메이크업을 한다.

발레

발레는 여성의 우아하고 아름다운 곡선미와 남성의 활기찬 율동이 어우러져 신비로움을 전해주는 무대 예술이다. 고전 발레의 메이크업 특징은 바로 눈으로, 섀도와 아이라인이 조화를 이뤄 눈매를 크고 돋보이도록 해준다.

발레 메이크업은 무대공연 메이크업의 한 종류로서 발레 공연하는 발레리나의 역할에 어울리는 메이크업을 하며, 발레리나와 관객과의 거리감을 고려하여 윤곽표현이 짙은 메이크업 표현을 한다.

노인

노인 캐릭터 메이크업은 연기자의 실제 나이보다 극중 배역의 나이로 더 늙어 보일 수 있도록 변화시키는 캐릭터 메이크업을 의미한다. 주름의 원인에는 연령의 증가로 인한 피부의 노화현상 이외에도 여러 가지 요인으로 인한 복합적인 요인이 작용하므로 같은 나이라 하더라도 주름의 발달 부위와 주름 진행 과정에서의 정도 차이가 현저히 다를 수 있다. 이에 주름의 원인과 주름의 유형, 주름근에 대한 기초적인 지식을 습득하고 극중 배역에게 적용되어질 수 있는 요인들을 면밀히 분석한 다음, 극중 상황과 괴리되지 않는 사실적이고도 현실감 있는 표현이 이루어져야 할 것이다. 또한 같은 주름일지라도 사람마다 얼굴 주름근의 위치와 골격이 각기 다르므로 이를 충분히 고려하여 연기자의 얼굴 굴곡에 맞는 음영과 정확한 주름 위치에 따른 캐릭터 메이크업이 이루어져야 할 것이다. 주름의 사실적 표현을 위하여 실제 주변의 노인들을 자세히 관찰하고, 여러 가지 요소들을 면밀히 분석하여 다양한 자료 수집을 해두면 그 하나 하나의 캐릭터가 연극이나 드라마, 영화 속에서 빛을 발할 수 있을 것이다.

캐릭터 메이크업 레오파드

 50분   25점   모델

요구사항(3과제)

※ 지참재료 및 도구를 사용하여 아래의 요구사항에 따라 캐릭터 메이크업(레오파드)을 시험시간 내에 완성하시오.

1. 과제를 수행하기 전 수험자의 손 및 도구류를 소독한 후 제시된 도면을 참고하여 캐릭터 메이크업(레오파드) 스타일을 연출하시오.
2. 모델의 피부톤에 맞는 메이크업 베이스를 바르시오.
3. 피부톤보다 밝은색 파운데이션을 이용하여 바른 후 파우더로 마무리하시오.
4. 옐로, 오렌지, 브라운 색의 아쿠아컬러나 아이섀도 등을 사용하여 도면과 같이 조화롭게 그라데이션을 하시오.
5. 아이홀 부위는 도면과 같이 흰색으로 뚜렷하게 표현하고, 검은색 아이라이너, 아쿠아컬러 등으로 눈꺼풀 위와 눈밑 언더라인의 트임을 표현하시오.
6. 레오파드 무늬는 아쿠아컬러나 아이라이너 등을 사용하여 선명하고 점진적으로 표현하시오.
7. 인조속눈썹을 사용하여 길고 날카로운 눈매를 표현하시오.
8. 도면과 같이 언더라인은 아이라이너를 사용하여 그리거나 인조속눈썹을 붙여 표현하시오.
9. 버건디 레드의 립컬러를 모델의 입술에 맞게 사용하되, 구각을 강조한 인커브 형태(구각)로 표현하시오.

수험자 유의사항

1. 모델은 문신(눈썹, 아이라인, 입술 등), 속눈썹 연장 및 메이크업이 되어 있지 않은 상태이어야 합니다.
2. 스파츌라, 속눈썹 가위, 족집게, 눈썹칼 등의 도구류를 사용 전 소독제로 소독해야 합니다.
3. 메이크업 베이스, 파운데이션을 펴 바를 때 스펀지 퍼프 또는 브러시를 사용하시오.
4. 아이섀도, 치크, 립 등의 표현 시 브러시 등 적합한 도구를 사용하시오.
5. 화장품은 요구사항에 지정된 제형 외에는 타입에 상관없이 자유롭게 사용하시오.

3과제 캐릭터 메이크업

 세부 과정

Before

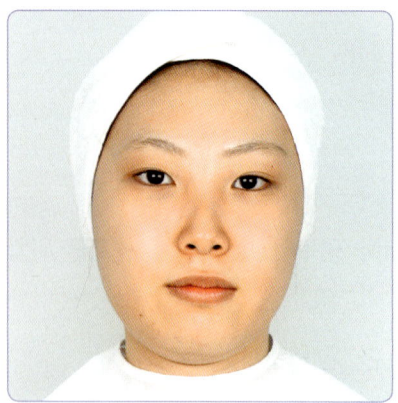

★ 모델준비
※ 헤어 터번을 착용한다.

★ 소독하기
※ 과제를 시술하기 전에 손과 도구를 소독한다.

❃ 메이크업 베이스

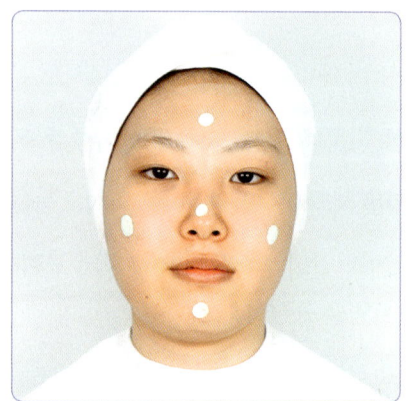

① 피부톤에 맞는 메이크업 베이스를 사용한다. 이 모델의 경우 보라색 메이크업 베이스를 선택한다.
② 0.5g 정도의 양으로 얼굴전체에 얇고 고르게 펴 바른다.

❃ 파운데이션 바르기

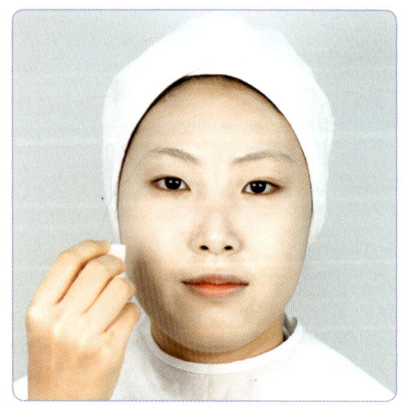

① 모델 피부톤보다 밝은 크림파운데이션을 바른다.

❃ 파우더 바르기

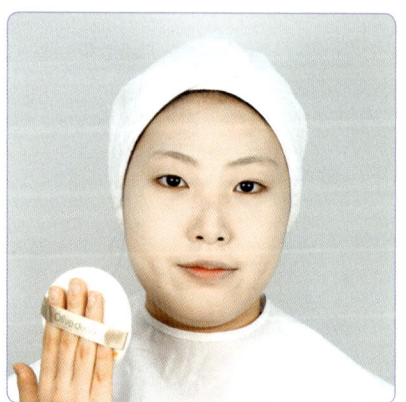

① 파우더로 마무리한다.

완전합격 미용사 메이크업 실기시험문제

❋ 아이섀도 바르기

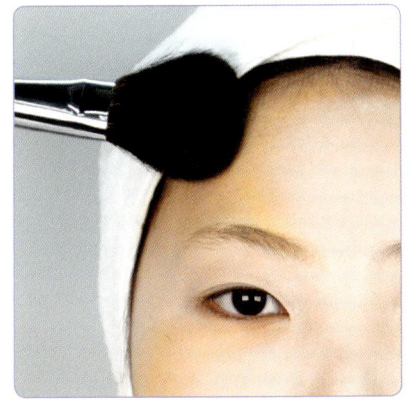

❶ 먼저 옐로색상의 아이섀도를 볼연지용 브러시를 이용하여 엷게 펴 바른다.

❷ 오렌지색상의 아이섀도를 볼연지용 브러시를 이용하여 펴 바른다.

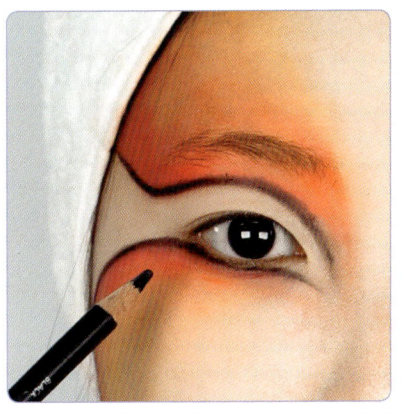

❸ 검은색 펜슬로 라인을 그리고 검정라인 경계면에 브라운색상 아이섀도를 펴 발라 오렌지색상과 그라데이션한다.

❋ 아이라인 그리기, 마스카라 바르기, 인조속눈썹 붙이기

❹ 검은색라인 안쪽으로 흰색 크림파운데이션이나 흰색 아이섀도를 펴 발라 선명하게 표현한다.

※ 옐로, 오렌지, 브라운색상은 아쿠아컬러를 이용해도 좋다.

❺ 옐로, 오렌지, 브라운색상의 경계는 자연스럽게 그라데이션한다.
아이래시컬러로 속눈썹을 올리고 마스카라를 바른 후 속눈썹을 붙인다.

❻ 리퀴드 아이라이너로 아이라인을 그린다.

3과제 캐릭터 메이크업

❾ 레오파드 무늬를 그려 넣는다.

❼ 전체 언더라인 길이 1/2 정도의 인조속눈썹을 붙인다.
❽ 언더라인에 인조속눈썹을 붙인 후 리퀴드 아이라인을 선명하게 그린다.

레오파드 무늬는
아쿠아컬러나 아이라이너 등을 사용
선명하고 점진적으로

완전합격 미용사 메이크업 실기시험문제

❋ 레오파드 무늬 그리기

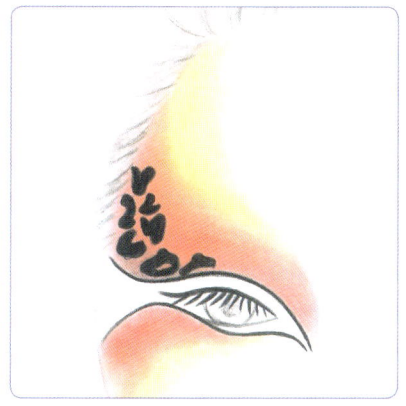

❶ 이마 외곽 부분부터 레오파드 무늬를 조금 크게 그린다.

❷ 얼굴 중앙으로 들어올수록 레오파드 무늬가 조금씩 좁아지도록 그린다.

❸ 볼 외곽 부분은 레오파드 무늬를 크게, 얼굴 안쪽으로 들어올수록 점점 좁아지게 그린다.

TIP 레오파드 그릴 때의 팁

피부 표현 후 얼굴전체에 노랑, 오렌지, 빨강 등의 아이섀도를 펼 때 큰 브러시를 이용하여 펴 바르면 편리하다. 그리고 노랑과 오렌지와 같은 색상과 색상의 경계는 그라데이션을 자연스럽게 하도록 한다. 검은색 무늬는 옆얼굴의 헤어라인 쪽은 조금 크게, 얼굴안쪽으로 들어올수록 작게 표현한다.

TIP 아쿠아컬러 사용할 때의 팁

아쿠아컬러는 물과 물감을 섞어서 사용하는 피부에 사용할 수 있는 물감이다. 물을 너무 많이 혼합하면 색감이 흐려지므로 약간 된 듯하게 사용하는 것이 색상표현이 선명하다. 아쿠아컬러를 사용할 때는 파운데이션 피부화장 후 파우더를 충분히 발라 피부의 유분기를 완벽히 커버하는 것이 중요하다. 유분기가 남아있으면 아쿠아컬러 물감이 잘발라지지 않고 밀리는 듯한 느낌이 들기도 한다.

3과제 캐릭터 메이크업

❸ 인조속눈썹을 붙인 후 리퀴드 아이라인을 다소 두껍게 그리며, 눈꼬리 부분은 길게 빼서 레오파드의 날카로운 눈매를 강조한다.

완전합격 미용사 메이크업 실기시험문제

❋ 입술 그리기

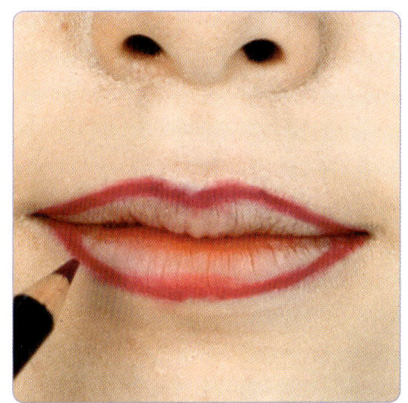

❶ 버건디 레드 립컬러를 이용하여 인커브라인의 입술윤곽을 그린다.

버건디 레드로 구각을 강조한 인커브 형태

❷ 입술라인 안쪽에 립스틱을 발라서 완성한다.

제3과제 | 캐릭터 메이크업

3과제 캐릭터 메이크업

❋ 완성

before

[피부표현]
피부톤에 맞는 메이크업 베이스
피부톤보다 밝은 파운데이션
옐로, 오렌지, 브라운 : 아쿠아컬러 또는 아이섀도
아이홀 부위 : 흰색으로 뚜렷하게 표현
검은색 아이라이너 또는 아쿠아컬러 : 눈꺼풀 위와 눈 밑 언더라인의 트임 표현

인조속눈썹 부착
언더라인 : 아이라이너로 그리거나 인조속눈썹 붙이기

[레오파드 무늬]
아쿠아컬러 또는 아이라이너로 선명하고 점진적으로 표현

[립]
버건디 레드 : 구각을 강조한 인커브 형태

After

완전합격 미용사 메이크업 실기시험문제

제3과제 | 캐릭터 메이크업 137

캐릭터 메이크업 무용(한국)

 50분　 25점　 모델

요구사항(3과제)

※ 지참재료 및 도구를 사용하여 아래의 요구사항에 따라 캐릭터 메이크업(한국무용)을 시험시간 내에 완성하시오.

1. 과제를 수행하기 전 수험자의 손 및 도구류를 소독한 후 제시된 도면을 참고하여 캐릭터 메이크업(한국무용) 스타일을 연출하시오.
2. 모델의 피부톤에 적합한 메이크업 베이스를 선택하여 얇고 고르게 펴 바르시오.
3. 모델의 피부톤에 맞춰 결점을 커버하고 파운데이션으로 깨끗하게 피부표현하시오.
4. 섀딩과 하이라이트로 윤곽 수정 후 핑크 파우더로 매트하게 마무리하시오.
5. 눈썹은 브라운 색으로 시작하여 검은색으로 자연스럽게 연결되도록 표현하며, 모델의 얼굴형을 고려하여 도면과 같이 부드러운 곡선의 동양적인 눈썹으로 표현하시오.
6. 눈썹 뼈에 흰색으로 하이라이트를 주어 입체감 있는 눈매를 연출하시오.
7. 연분홍색 아이섀도를 이용하여 눈두덩이를 그라데이션하시오.
8. 눈꼬리 부분과 언더라인을 마젠타컬러로 포인트를 주고 도면과 같이 상승형으로 표현하시오.
9. 아이라인은 검은색 아이라이너를 사용하여 도면과 같이 그리고 언더라인은 펜슬 또는 아이섀도로 마무리하시오.
10. 뷰러를 이용하여 자연속눈썹을 컬링하시오.
11. 마스카라 후 검은색의 짙은 인조속눈썹을 사용하여 끝부분이 처지지 않도록 상승형으로 붙이시오.
12. 치크는 핑크색으로 광대뼈를 감싸듯 화사하게 표현하시오.
13. 레드컬러의 립라이너를 이용하여 립 안쪽으로 그라데이션하고 핑크가 가미된 레드색의 립컬러로 블렌딩하시오.
14. 블랙펜슬 또는 블랙아이라이너를 이용하여 귀밑머리를 자연스럽게 그리시오.

수험자 유의사항

1. 모델은 문신(눈썹, 아이라인, 입술 등), 속눈썹 연장 및 메이크업이 되어 있지 않은 상태이어야 합니다.
2. 스파출라, 속눈썹 가위, 족집게, 눈썹칼 등의 도구류를 사용 전 소독제로 소독해야 합니다.
3. 메이크업 베이스, 파운데이션을 펴 바를 때 스펀지 퍼프 또는 브러시를 사용하시오.
4. 아이섀도, 치크, 립 등의 표현 시 브러시 등 적합한 도구를 사용하시오.
5. 화장품은 요구사항에 지정된 제형 외에는 타입에 상관없이 자유롭게 사용하시오.

3 과제 캐릭터 메이크업

 세부 과정

Before

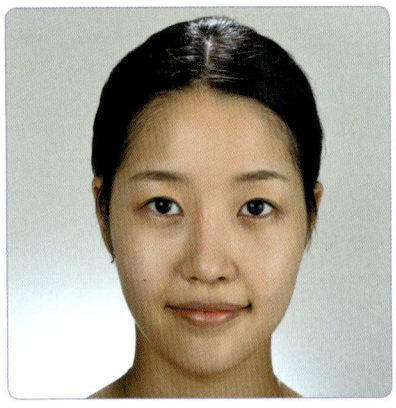

★ 모델준비
※ 헤어 터번을 착용한다.
★ 소독하기
※ 과제를 시술하기 전에 손과 도구를 소독한다.

❋ 메이크업 베이스

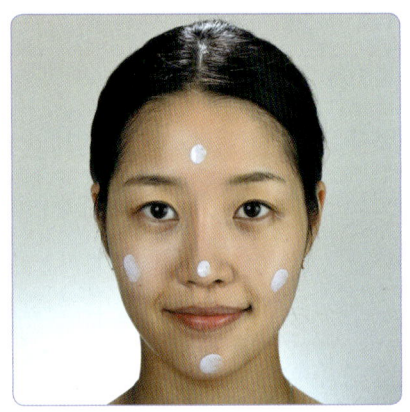

❶ 메이크업 베이스를 0.5g 정도의 양으로 얼굴전체에 얇고 고르게 펴 바른다.
❷ 펴 바른 후 손가락의 지문부분으로 가볍게 밀어보아 미끈거림이 없는지 확인한다.

❋ 파운데이션 바르기

 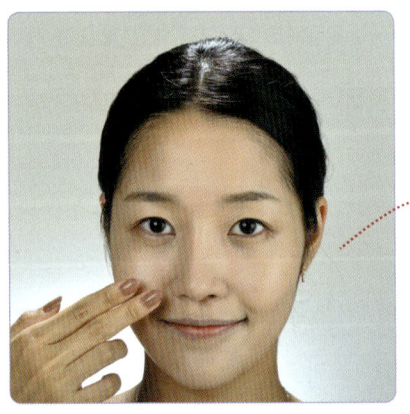

손가락의 지문부분을 활용해도 좋다.

❶ 모델 피부톤보다 한 톤 밝은 파운데이션을 펴 바른다.
❷ 잡티가 있는 부분은 부분적으로 한 번 더 덧바른다.
❸ 잡티커버를 완벽하게 하려면 컨실러를 이용하여 커버한다.

완전합격 미용사 메이크업 실기시험문제

❀ 윤곽 수정하기

❶ 하이라이트를 이용하여 이마, 콧등, 눈 밑, 턱 끝에 발라 피부톤을 밝게 한다.
❷ 섀딩을 이용하여 코 양옆, 볼뼈 밑, 이마외곽, 턱뼈 등에 발라준다.
❸ 하이라이트와 섀딩의 경계선은 경계가 지지 않도록 그라데이션한다.

❀ 파우더 바르기

❶ 한 개의 퍼프에 파우더를 묻혀 다른 한 개의 퍼프를 대고 골고루 비빈 다음 얼굴 외곽부위부터 얼굴 중심부위로 둥글게 눌렀다 떼었다 하는 느낌으로 펴 바른다.
❷ 다시 한 번 퍼프로 파우더를 얼굴 중심 부분부터 둥글게 눌렀다 떼었다 하는 동작으로 바른다.
❸ 파우더 브러시를 이용하여 피부에 남아있는 파우더를 가볍게 털어내듯 마무리한다.

제3과제 | 캐릭터 메이크업 141

❋ 눈썹 그리기

① 모델의 얼굴형을 고려하여 부드러운 곡선의 동양적인 분위기의 눈썹으로 표현한다.
② 눈썹앞머리 부위는 브라운색상으로 시작하여 점차 검은색의 눈썹으로 표현한다.

 TIP 한복에 어울리는 아치형 눈썹 그리기

한복은 부드러운 곡선이 많으므로 눈썹도 부드러운 곡선을 이용한 아치형 눈썹으로 표현하는 것이 효과적이다. 아치형 눈썹은 눈썹앞머리에서부터 둥근 포물선을 그리듯이 눈썹산까지 올라가 눈썹산에서부터도 부드러운 포물선을 그리듯이 내려온다. 아치형 눈썹은 다소 긴 듯한 느낌이 들도록 그리는 것이 아름다워 보인다.

❁ 아이섀도 바르기

❶ 눈썹뼈에 흰색 아이섀도로 하이라이트를 준다.

❷ 연핑크색 아이섀도로 눈두덩이에 펴 발라 그라데이션한다.

❸ 마젠타 컬러를 이용하여 눈꼬리와 언더라인을 강조하여 포인트를 준다.
❹ 눈모양이 눈꼬리가 올라간 상승형으로 표현한다.

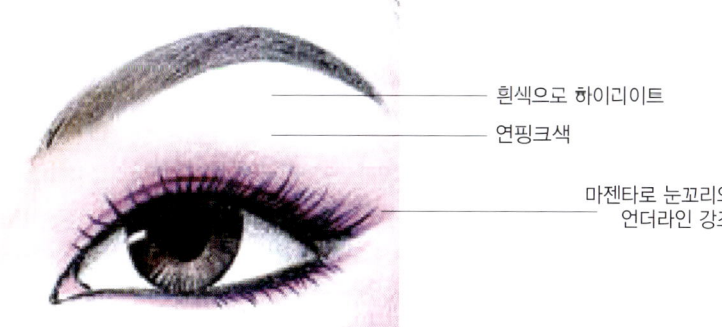

흰색으로 하이리이트
연핑크색
마젠타로 눈꼬리와 언더라인 강조

❋ 아이라인 그리기, 마스카라 바르기, 인조속눈썹 붙이기

❶ 펜슬타입 아이라이너로 속눈썹 사이를 메꾸듯이 아이라인을 그린다. 언더라인 전체에도 아이라인을 그린다.

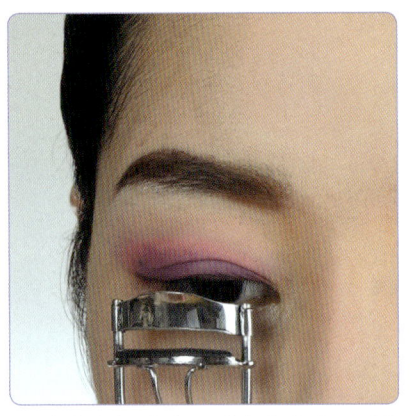

❷ 아이래쉬 컬러를 이용하여 속눈썹을 집어준 다음 마스카라를 바른다.

❸ 인조속눈썹은 속눈썹 숱이 많고 길이가 긴 것을 선택하여 눈꼬리 부분이 처지지 않도록 상승형으로 붙인다.

❹ 인조속눈썹을 붙인 후 리퀴드 아이라이너를 조금 두껍게 그리고 눈꼬리 쪽 아이라인을 강조하여 눈꼬리를 빼서 상승형으로 그린다.

완전합격 미용사 메이크업 실기시험문제

❂ 입술 그리기

① 입술주변에 파우더를 한 번 더 바른다.
② 레드컬러 립스틱으로 립라인을 그린 다음 안쪽으로는 핑크레드 색상으로 그라데이션한다.

❂ 치크컬러 바르기

① 핑크색 치크컬러로 광대뼈를 감싸듯이 발라준다.
② 볼연지를 바른 볼 주위를 파우더 브러시로 가볍게 쓸어주거나 분첩에 남은 여분으로 가볍게 눌러주어 마무리한다.

❂ 귀밑머리 만들기

① 블랙펜슬을 이용하여 귀밑머리를 자연스럽게 그려준다.

제3과제 | 캐릭터 메이크업

완전합격 미용사 메이크업 실기시험문제

제3과제 | 캐릭터 메이크업

캐릭터 메이크업 무용(발레)

🕐 50분   📋 25점   👤 모델

요구사항(3과제)

※ 지참재료 및 도구를 사용하여 아래의 요구사항에 따라 캐릭터 메이크업(발레)을 시험시간 내에 완성하시오.

① 과제를 수행하기 전 수험자의 손 및 도구류를 소독한 후 제시된 도면을 참고하여 캐릭터 메이크업(발레) 스타일을 연출하시오.

② 모델의 피부톤에 적합한 메이크업 베이스를 선택하여 얇고 고르게 펴 바르시오.

③ 모델의 피부톤에 맞춰 결점을 커버하고 파운데이션으로 깨끗하게 피부표현하시오.

④ 섀딩과 하이라이트로 윤곽 수정 후 핑크 파우더로 매트하게 마무리하시오.

⑤ 눈썹은 다크 브라운색으로 시작하여 블랙으로 자연스럽게 연결되도록 표현하며, 모델의 얼굴형을 고려하여 갈매기 형태로 그리시오.

⑥ 눈썹 뼈에 흰색으로 하이라이트를 주어 입체감 있는 눈매를 연출하시오.

⑦ 아이홀은 핑크와 퍼플컬러를 이용하여 그라데이션하고 홀의 안쪽은 흰색으로 채워 표현하시오.

⑧ 속눈썹 라인을 따라서 아쿠아 블루색으로 포인트를 주고 언더라인도 같은 색으로 눈과 일정한 간격을 두고 그린 후 흰색을 넣어 눈이 커 보이도록 표현하시오.

⑨ 검은색 아이라이너를 사용하여 도면과 같이 아이라인과 언더라인을 길게 그리시오.

⑩ 뷰러를 이용하여 자연속눈썹을 컬링하시오.

⑪ 마스카라 후 검은색의 짙은 인조속눈썹을 사용하여 끝부분이 처지지 않도록 상승형으로 붙이시오.

⑫ 치크는 핑크색으로 광대뼈를 감싸듯 화사하게 표현하시오.

⑬ 로즈컬러의 립라이너를 이용하여 립 안쪽으로 그라데이션하고 핑크색 립컬러로 블렌딩하시오.

수험자 유의사항

① 모델은 문신(눈썹, 아이라인, 입술 등), 속눈썹 연장 및 메이크업이 되어 있지 않은 상태이어야 합니다.

② 스파츌라, 속눈썹 가위, 족집게, 눈썹칼 등의 도구류를 사용 전 소독제로 소독해야 합니다.

③ 메이크업 베이스, 파운데이션을 펴 바를 때 스펀지 퍼프 또는 브러시를 사용하시오.

④ 아이섀도, 치크, 립 등의 표현 시 브러시 등 적합한 도구를 사용하시오.

⑤ 화장품은 요구사항에 지정된 제형 외에는 타입에 상관없이 자유롭게 사용하시오.

3과제 캐릭터 메이크업

 세부 과정

Before

★**모델준비**
※ 헤어 터번을 착용한다.

★**소독하기**
※ 과제를 시술하기 전에 손과 도구를 소독한다.

❋ 메이크업 베이스 바르기

❶ 모델의 피부톤에 적합한 메이크업 베이스를 선택하여 얇고 고르게 펴 바른다.
❷ 펴 바른 후 손가락의 지문부분으로 가볍게 밀어보아 미끈거림이 없는지 확인한다.

❋ 파운데이션 바르기

❶ 모델 피부톤에 적합한 파운데이션을 선택하여 얇고 고르게 펴 바른다.

❷ 잡티가 있는 부분은 부분적으로 한 번 더 덧바른다.
❸ 잡티커버를 완벽하게 하려면 컨실러를 이용하여 커버한다.

완전합격 미용사 메이크업 실기시험문제

❊ 윤곽 수정하기

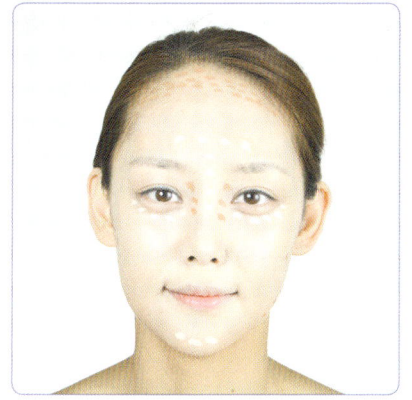
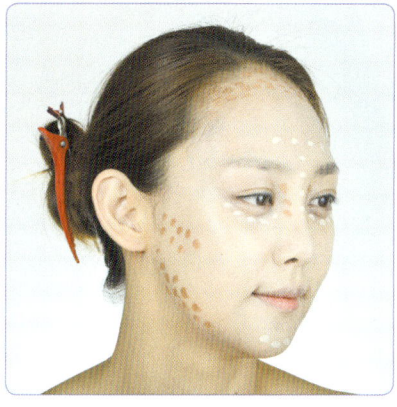
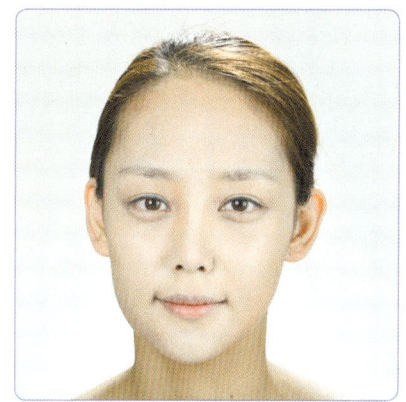

❶ 하이라이트를 이용하여 이마, 콧등, 눈 밑, 턱 끝에 발라 피부톤을 밝게 한다.
❷ 섀딩을 이용하여 코 양옆, 볼뼈 밑, 이마외곽, 턱뼈 등에 발라준다.
❸ 하이라이트와 섀딩의 경계선은 경계가 지지 않도록 그라데이션한다.

❊ 파우더 바르기

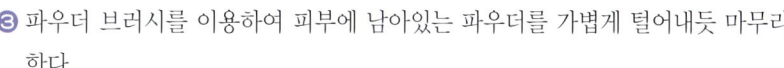

❶ 한 개의 퍼프에 핑크색 파우더를 묻혀 다른 한 개에 퍼프를 대고 골고루 비빈 다음 얼굴 외곽부위부터 얼굴 중심부위로 둥글게 눌렀다 떼었다 하는 느낌으로 펴 바른다.
❷ 다시 한 번 핑크색 파우더를 묻힌 퍼프로 얼굴 중심부위부터 둥글게 눌렀다 떼었다 하는 동작으로 바른다.
❸ 파우더 브러시를 이용하여 피부에 남아있는 파우더를 가볍게 털어내듯 마무리한다.

제3과제 | 캐릭터 메이크업 151

❈ 눈썹 그리기

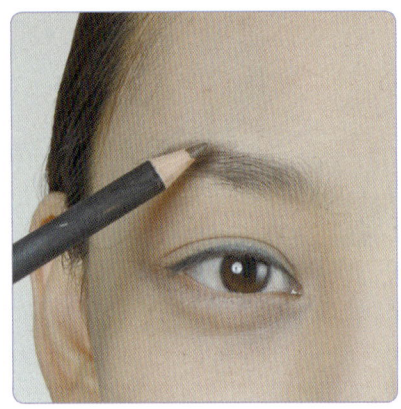 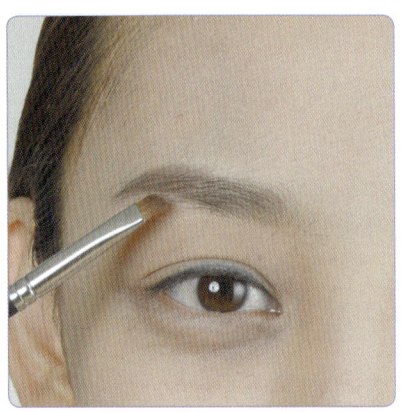

① 눈썹 앞머리 부분은 다크브라운 색상의 아이브로 펜슬로부터 시작하여 점차 블랙 아이브로 펜슬로 연결되도록 그린다.

② 눈썹형은 얼굴형을 고려하여 갈매기형 눈썹으로 그린다.

③ 아이브로 섀도를 이용하여 눈썹용 사선브러시로 덧바른다.

④ 눈앞머리 쪽은 폭 1㎝ 정도 중간크기의 아이섀도 브러시를 이용하여 엷게 펴 바른다.

갈매기 눈썹 앞쪽 브라운 뒷쪽 블랙
흰색으로 하이라이트
핑크 + 퍼플컬러 그라데이션
아쿠아 블루
흰색

완전합격 미용사 메이크업 실기시험문제

❈ 아이섀도 바르기

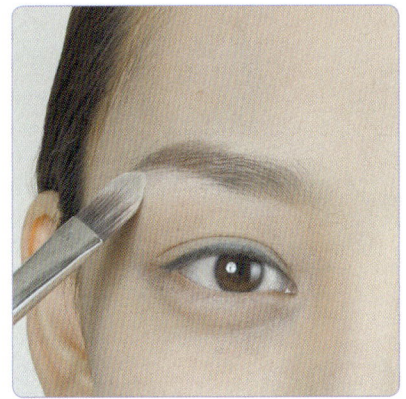

❶ 눈썹뼈는 흰색 아이섀도로 하이라이트를 준다.

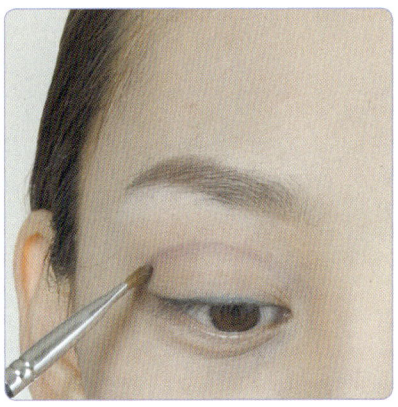

❷ 쌍겹 1~2㎜ 위에 아이홀 라인을 퍼플컬러 아이섀도로 만들어 놓는다.

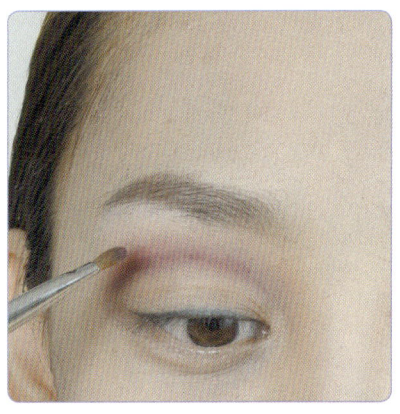

❸ 아이홀 라인 위로 퍼플컬러 아이섀도에서 핑크색 아이섀도로 점차적인 그라데이션을 한다.

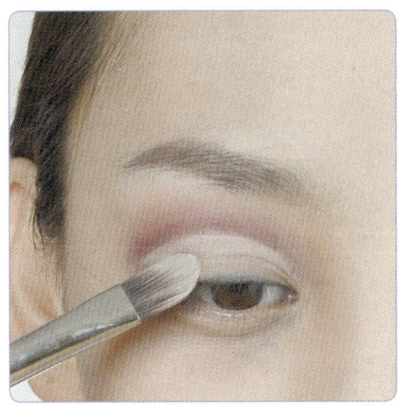

❹ 아이홀 라인 안쪽은 흰색 아이섀도로 발라 선명하게 표현한다.

❺ 속눈썹 라인을 따라 아쿠아 블루색 아이섀도로 포인트를 주고 언더라인도 1~2㎜를 띄운 상태로 아쿠아 블루색 아이섀도를 펴 바른다.

❻ 아래쪽 속눈썹 라인 부분과 아쿠아 블루색의 언더라인 사이는 흰색 펜슬로 채워준다.

제3과제 | 캐릭터 메이크업   153

3과제 캐릭터 메이크업

❋ 아이라인 그리기, 마스카라 바르기, 인조속눈썹 붙이기

① 펜슬타입 아이라이너로 속눈썹 사이를 메꾸듯이 아이라인을 그린다. 이때 언더라인도 눈꼬리부분에서 중앙까지 1/3~1/2 정도 엷게 그린다.

② 아이래쉬 컬러를 사용하여 아이라인의 속눈썹 부분부터 3~4번 정도 순간적으로 압착하여 모델의 속눈썹을 가볍게 집어 올려준다.

③ 마스카라 용기에서 브러시를 살짝 돌려가면서 빼어내어 내용물 양을 조절한다.
④ 먼저 모델 속눈썹의 위에서 아랫방향으로 마스카라를 가볍게 쓸어주듯 바른다.
⑤ 다시 아래에서 위쪽으로 모델의 속눈썹을 올려주듯 바른다.
⑥ 모델 속눈썹의 길이의 중간부분을 아래에서 위로 지그시 눌러주어 속눈썹의 컬을 고정시켜준다.

❼ 인조속눈썹을 모델의 눈 길이에 맞추어 수정가위로 자른다. 뷰티 메이크업의 경우, 보통 눈앞머리보다 1mm 짧게, 눈꼬리 쪽도 1mm 정도 짧게 자르는 것이 적당하다.

❽ 발레 메이크업의 속눈썹은 상승형으로 눈꼬리 부분을 약간 치켜 올리듯이 붙여주며 무대용 속눈썹으로 숱이 많고 길이가 긴 것을 사용한다.

❾ 인조속눈썹에 속눈썹 풀을 바르고 5~6초 정도 기다린 다음 눈꼬리 쪽을 먼저 붙이고 중간과 앞머리 순으로 가볍게 눌러 붙인다.

❿ 인조속눈썹 풀을 한 번 더 아이라인을 그리듯 덧바르거나 떨어지기 쉬운 앞머리와 꼬리부분에 덧발라주어 마무리한다.

⓫ 모델의 본래 속눈썹과 인조속눈썹이 따로 분리되어 보이지 않는지 확인하면서 한 번 더 마스카라를 아래에서 위쪽으로 발라준다.

⓬ 먼저 리퀴드 아이라인을 눈중앙부터 눈꼬리까지 그려주는데 다소 두껍게 상승형으로 그려주며 인조속눈썹보다 2~3mm 정도 빼서 그려준다.

⓭ 그런 다음 눈앞머리에서부터 눈 중앙까지 그려서 리퀴드 아이라인을 연결한다.

⓮ 모델이 눈을 감은 상태에 리퀴드 아이라인을 건조시킨 다음, 눈을 뜬 상태의 아이라인을 점검한다.

✿ 입술 그리기

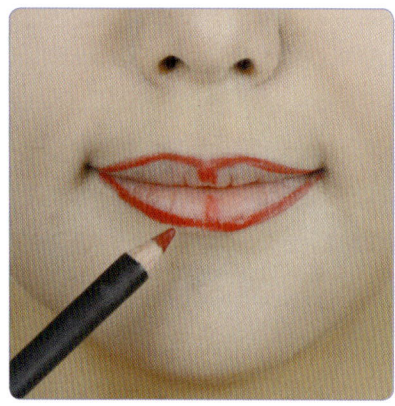 

❶ 로즈컬러 립스틱 색상으로 립라인을 그린다.

❷ 립라인 안쪽으로 핑크색 립컬러를 블렌딩하여 마무리한다.

 TIP

입술화장을 수정하려면

작은 점 정도의 미세한 것이라면 면봉을 사용해 닦아낸 후 면봉에 파운데이션 분백분을 묻혀 수정한 부분에 누르듯이 바른다. 닦아낸 부분에 립 브러시를 이용해 립스틱을 바르고 스틱 자체를 이용해 전체를 다시 바른다.

입술 전체가 잘못 발라졌다면 일단 입술의 립스틱을 닦아낸다. 퍼프를 이용해 파운데이션 분백분으로 눌러주고 다시 한 번 발라 수정한다.

완전합격 미용사 메이크업 실기시험문제

❈ 치크컬러 바르기

① 핑크색상을 볼연지 브러시에 묻혀 손등에서 색감을 체크한다.
② 광대뼈 부분을 감싸듯 화사하게 그라데이션한다.
③ 볼연지 바른 주변을 파우더 브러시로 가볍게 쓸어주거나 분첩에 남은 여분으로 가볍게 눌러 마무리한다.

 **TIP**

블러셔의 농도 조절

블러셔는 발라야 할 곳 전체를 같은 색조로 칠하는 것이 아니다. 중심이 되는 부위를 가장 진하게, 그 주위는 피부에 자연스럽게 융합되는 것 같이 경계선이 거의 없도록 발라야 한다.
브러시에 내용물을 묻혀 손등에서 미리 색상을 조절한 다음 가벼운 터치로 바른다.
먼저 전체를 엷게 칠한 다음 진하게 하고 싶은 부분에 중복해서 칠한다. 색이 너무 진하다고 생각될 때에 블러셔를 칠한 위에 분백분을 발라주면 색이 좀 더 엷게 표현된다.

제3과제 | 캐릭터 메이크업

3과제 캐릭터 메이크업

❋ 완성

before

[아이섀도]
아이홀 : 핑크 + 퍼플
홀의 안쪽 : 흰색
속눈썹 라인, 언더라인 : 아쿠아 블루

[눈썹]
다크브라운 → 블랙
갈매기 형태

[피부표현]
피부톤에 적합한 메이크업 베이스
결점커버, 깨끗하게 파운데이션
윤곽수정
핑크 파우더 : 매트하게

[아이라인, 속눈썹]
검은색 아이라이너 : 아이라인과 언더라인을 길게
자연속눈썹 : 뷰러로 컬링, 마스카라
인조속눈썹 : 검은색, 상승형으로

[치크]
핑크색 : 광대뼈를 감싸듯 화사하게

[립]
로즈 : 립라이너, 립 안쪽 블렌딩
핑크 : 립, 블렌딩

After

완전합격 미용사 메이크업 실기시험문제

제3과제 | 캐릭터 메이크업

캐릭터 메이크업
노인(추면)

50분 25점 모델

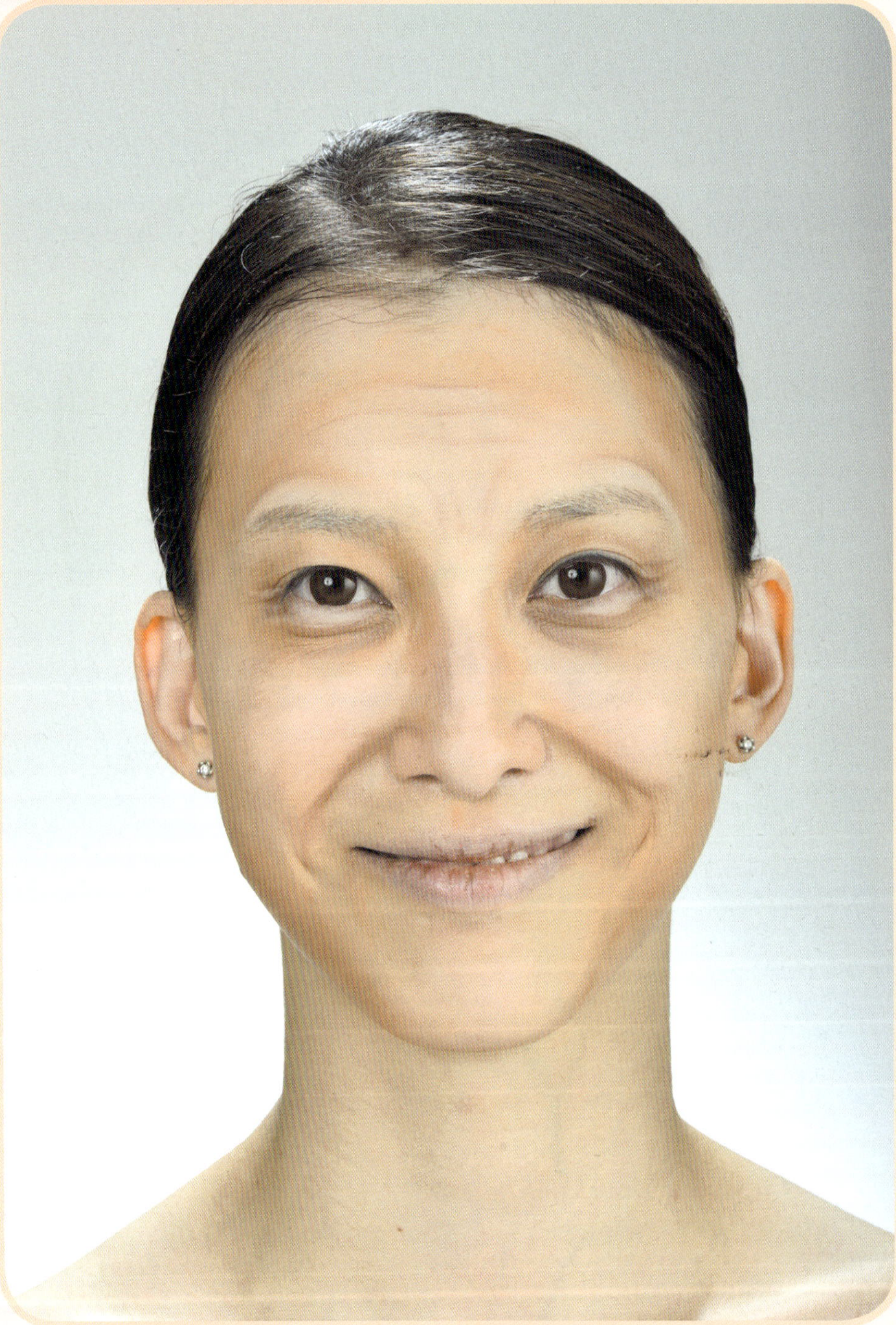

요구사항(3과제)

※ 지참재료 및 도구를 사용하여 아래의 요구사항에 따라 캐릭터 메이크업(노인)을 시험시간 내에 완성하시오.

❶ 과제를 수행하기 전 수험자의 손 및 도구류를 소독한 후 제시된 도면을 참고하여 캐릭터 메이크업(노인) 스타일을 연출하시오.

❷ 모델의 피부 타입에 맞는 메이크업 베이스를 바르시오.

❸ 파운데이션을 가볍게 바르고 모델 피부톤보다 한 톤 어둡게 피부표현하시오.

❹ 섀딩 컬러로 얼굴의 굴곡부분을 자연스럽게 표현하시오.

❺ 하이라이트 컬러를 이용하여 돌출부분을 도면과 같이 표현하시오.

❻ 갈색 펜슬을 이용하여 얼굴의 주름을 표현하고 파우더로 가볍게 마무리하시오.

❼ 눈썹은 강하지 않게 회갈색을 이용하여 표현하시오.

❽ 립컬러는 내츄럴 베이지를 이용하여 아랫입술이 윗입술보다 두껍지 않게 표현하시오.

수험자 유의사항

❶ 모델은 문신(눈썹, 아이라인, 입술 등), 속눈썹 연장 및 메이크업이 되어 있지 않은 상태이이어야 합니다.

❷ 스파출라, 속눈썹 가위, 족집게, 눈썹칼 등의 도구류를 사용 전 소독제로 소독해야 합니다.

❸ 메이크업 베이스, 파운데이션을 펴 바를 때 스펀지 퍼프 또는 브러시를 사용하시오.

❹ 아이섀도, 치크, 립 등의 표현 시 브러시 등 적합한 도구를 사용하시오.

❺ 화장품은 요구사항에 지정된 제형 외에는 타입에 상관없이 자유롭게 사용하시오.

3과제 캐릭터 메이크업

세부 과정

Before

★ **모델준비**
※ 헤어 터번을 착용한다.

★ **소독하기**
※ 과제를 시술하기 전에 손과 도구를 소독한다.

❋ 메이크업 베이스 바르기

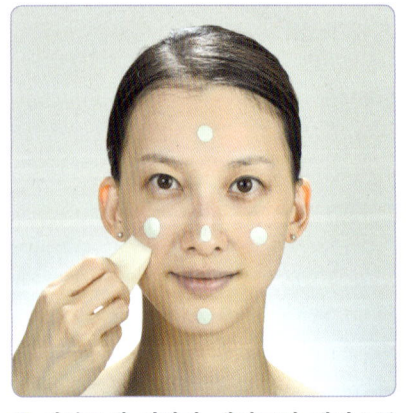

① 피부톤에 적합한 메이크업 베이스를 얼굴 전체에 얇고 고르게 펴 바른다.
② 펴 바른 후 손가락의 지문부분으로 가볍게 밀어보아 미끈거림이 없는지 확인한다.

❋ 파운데이션 바르기

① 모델 피부톤과 동일한 색상의 파운데이션을 바른다.

완전합격 미용사 메이크업 실기시험문제

❋ 윤곽 수정하기

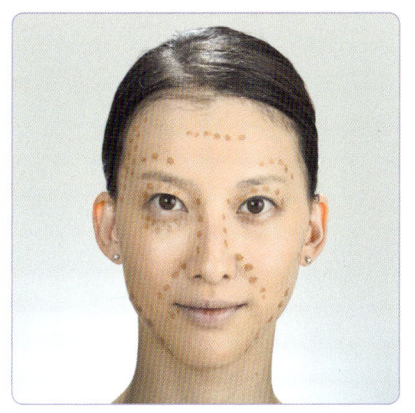

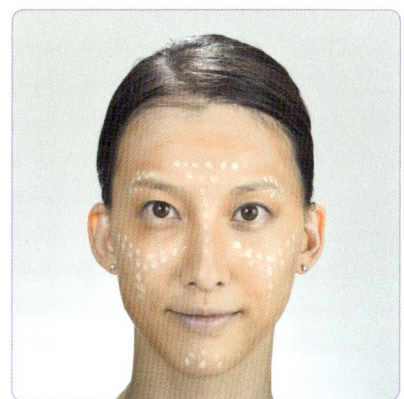

❷ 하이라이트 컬러를 이마에서 콧등, 눈썹 뼈, 볼의 Y존, 턱부분에 바른다. 지문부분을 이용하는 것이 편리하다.

❶ 섀딩 컬러를 이마 양 옆, 관자놀이, 눈썹 뼈 윗부분, 이마주름, 눈 밑 다크써클 부분, 코 양옆, 광대뼈 밑부분, 팔자주름, 양턱주름에 바른다.

❸ 섀딩과 하이라이트의 경계를 자연스럽게 그라데이션한다.

제3과제 | 캐릭터 메이크업

3과제 캐릭터 메이크업

❊ 주름 표현하기

❶ 갈색펜슬로 이마주름, 미간주름, 눈밑주름, 눈꼬리주름, 팔자주름 등을 표현한다.

❷ 파우더로 가볍게 마무리한다. 이때 너무 두껍게 파우더를 바르지 않도록 한다.

❸ 하이라이트 섀딩으로 눈부분, 눈썹뼈, 눈 바로 밑부분을 표현한다.

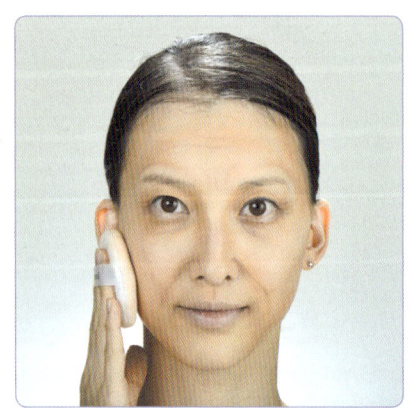

눈썹 그리기

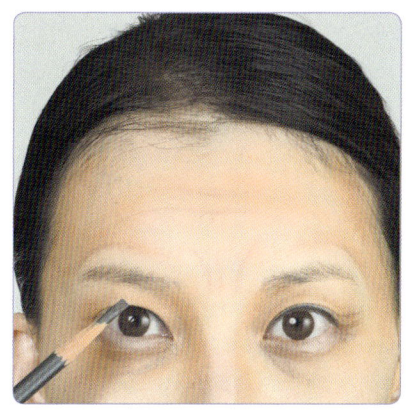
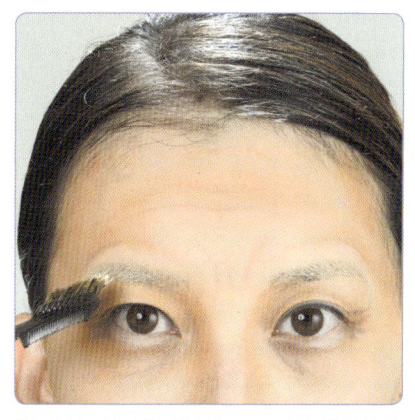

❶ 눈썹은 회갈색으로 가볍게 그린다.
❷ 눈썹산이나 눈썹꼬리를 너무 선명하지 않도록 한다.

❸ 콤브러시에 아이보리 파운데이션을 묻혀 눈썹결 반대 방향으로 눈썹이 하얗게 된 것을 표현한다.

입술 그리기

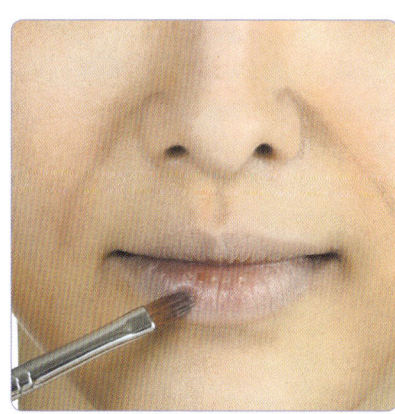

❶ 내추럴 베이지를 얇게 펴 발라준다. 살짝만 칠하는 듯 마는 듯 해야 한다.
❷ 아랫입술이 윗입술보다 두껍지 않게 입술을 표현한다.
❸ 입술 주름은 브라운 펜슬로 표현해준다.

완전합격 미용사 메이크업 실기시험문제

 도면

제3과제 | 캐릭터 메이크업

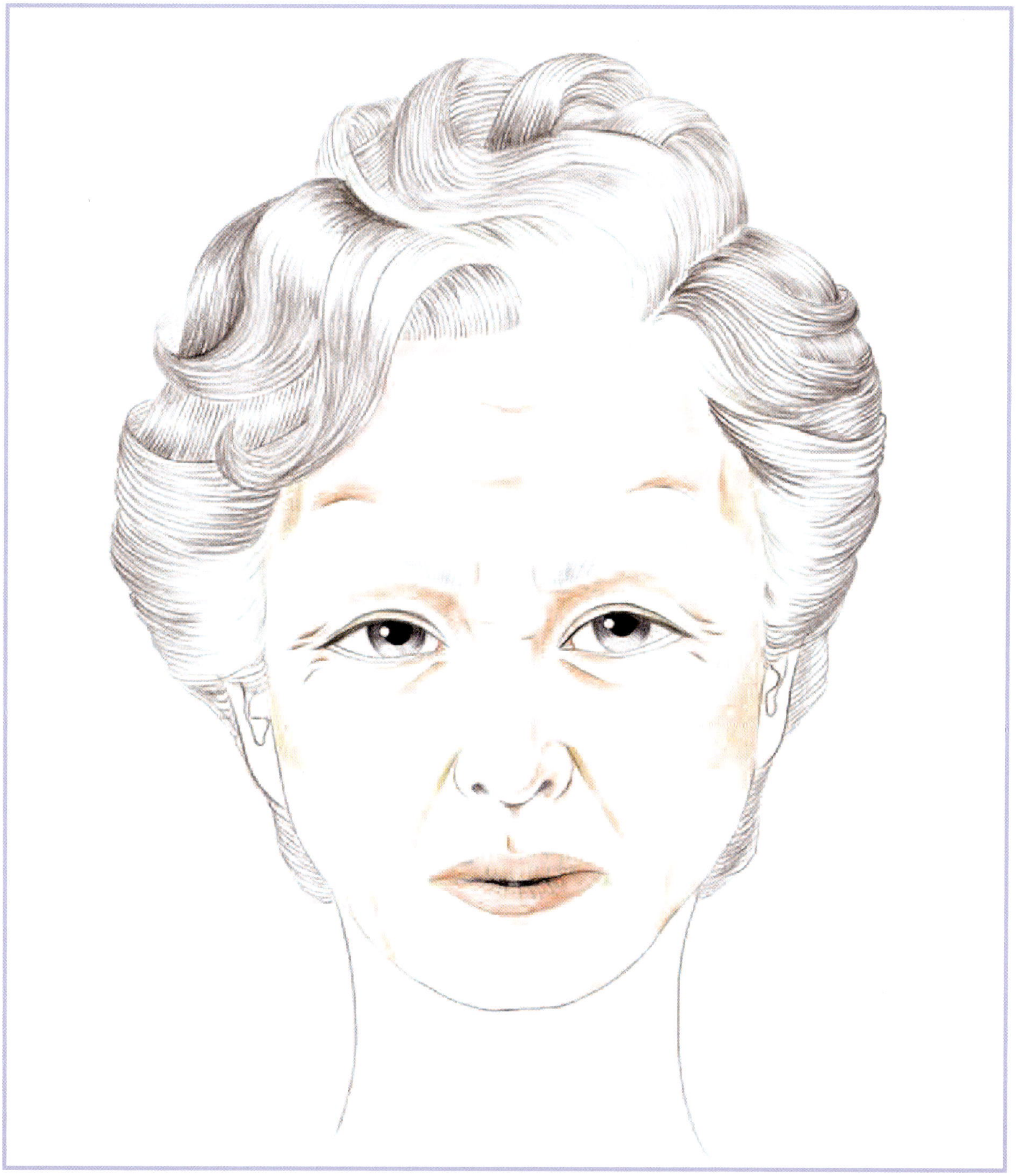

4 과제

속눈썹 익스텐션 및 수염

1 속눈썹 익스텐션(왼쪽)
2 속눈썹 익스텐션(오른쪽)
3 미디어 수염

작업시간	25분	작업대상	마네킹
배점	15점	세부과제	3과제 중 1과제 선정

속눈썹 연장 (왼쪽)

속눈썹 연장 (오른쪽)

미디어 수염

속눈썹 익스텐션 (왼쪽, 오른쪽)

 25분 15점 마네킹

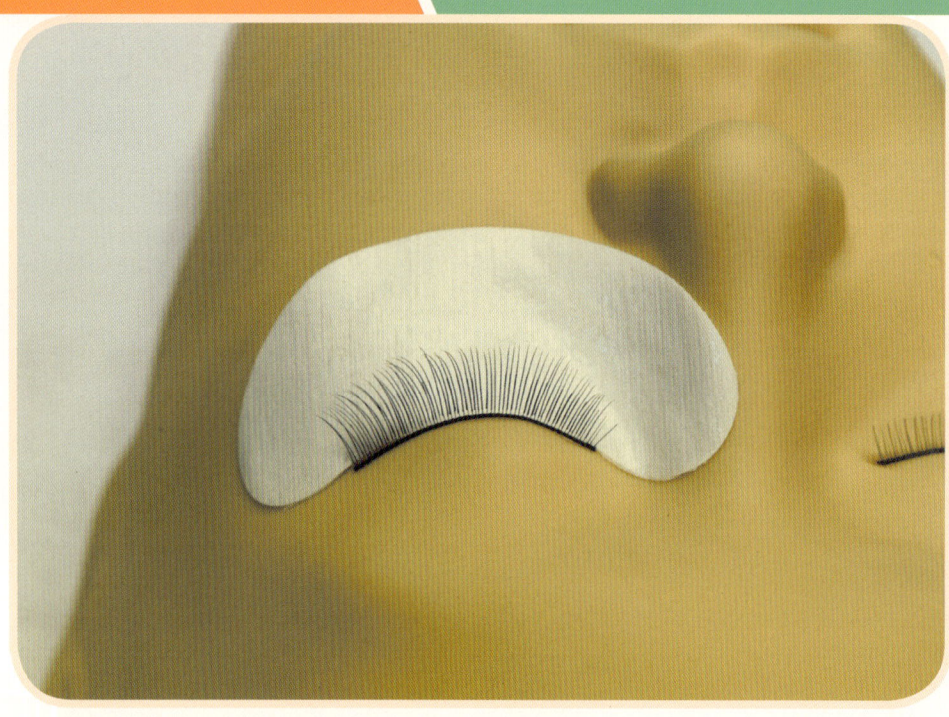

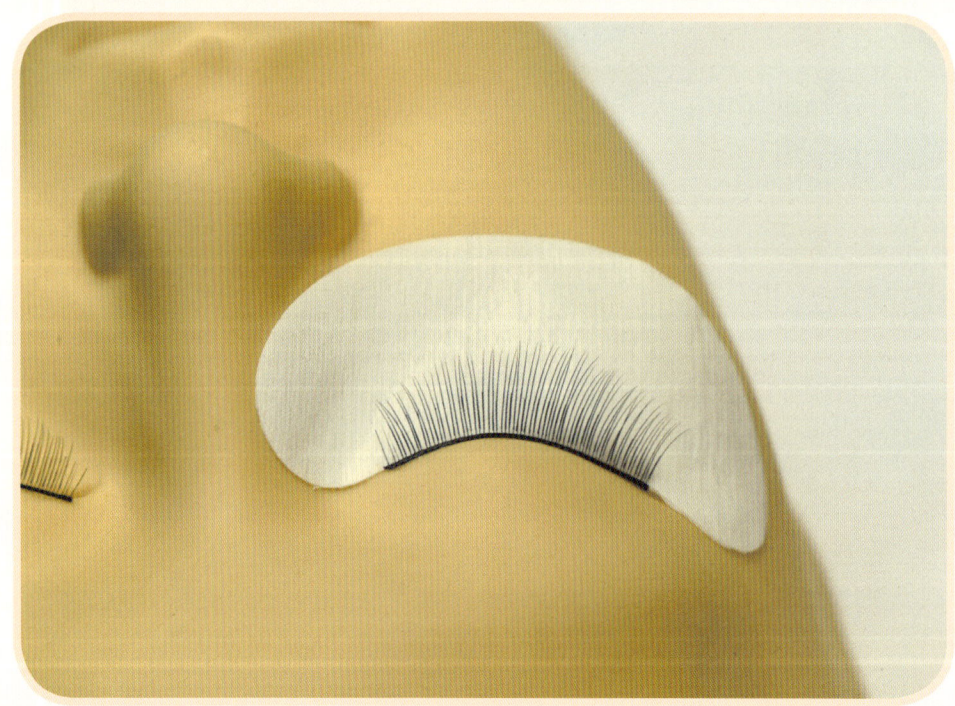

요구사항(4과제)

※ 지참재료 및 도구를 사용하여 아래의 요구사항에 따라 속눈썹 연장술을 시험시간 내에 완성하시오.

① 5~6mm의 인조속눈썹이 부착된 마네킹을 준비하세요.

② 과제를 수행하기 전 수험자의 손 및 도구류와 마네킹의 작업부위를 소독한 후 적절한 위치에 아이패치를 부착하시오.

③ 일회용 도구를 사용하여 전처리제를 균일하게 도포하시오.

④ 연장하는 속눈썹은 J컬 타입으로 길이 8, 9, 10, 11, 12mm, 두께 0.15~0.2mm의 싱글모를 사용하시오.

⑤ 제시된 도면과 같이 전체적으로 중앙이 길어 보이는 라운드형(부채꼴 디자인)의 속눈썹 익스텐션(왼쪽, 오른쪽)을 완성하시오.

⑥ 마네킹에 부착된 속눈썹 한 개당 하나의 속눈썹(J컬)만 연장하시오.

⑦ 5가지 길이(8, 9, 10, 11, 12mm)의 속눈썹(J컬)을 모두 사용하여 자연스러운 디자인이 되도록 완성하시오.

⑧ 모근에서 1mm~1.5mm를 반드시 떨어뜨려 부착하시오.

⑨ 왼쪽 인조속눈썹에 최소 40가닥 이상의 속눈썹(J컬)을 연장하시오(단, 눈앞머리 부분의 속눈썹 2~3가닥은 연장하지 마시오).

수험자 유의사항

① 마네킹은 속눈썹 연장이 되어있지 않은 인조속눈썹만 부착되어 있는 상태이어야 합니다.

② 핀셋 등의 도구류를 사용 전 소독제로 소독해야 합니다.

③ 전처리제가 눈에 들어가지 않도록 나무 스파출라를 속눈썹 아래에 받쳐서 작업하시오.

④ 속눈썹 연장용 아이패치 이외의 테이프류 및 인증이 되지 않은 글루는 사용할 수 없습니다.

⑤ 마네킹의 왼쪽이나 오른쪽(시험 과제에 따라) 인조속눈썹에만 작업하시오.

⑥ 작업 시 연장하는 속눈썹(J컬)을 신체부위(손등, 이마 등)에 올려놓고 사용할 수 없습니다.

4과제 속눈썹 익스텐션 및 수염

세부 과정(왼쪽)

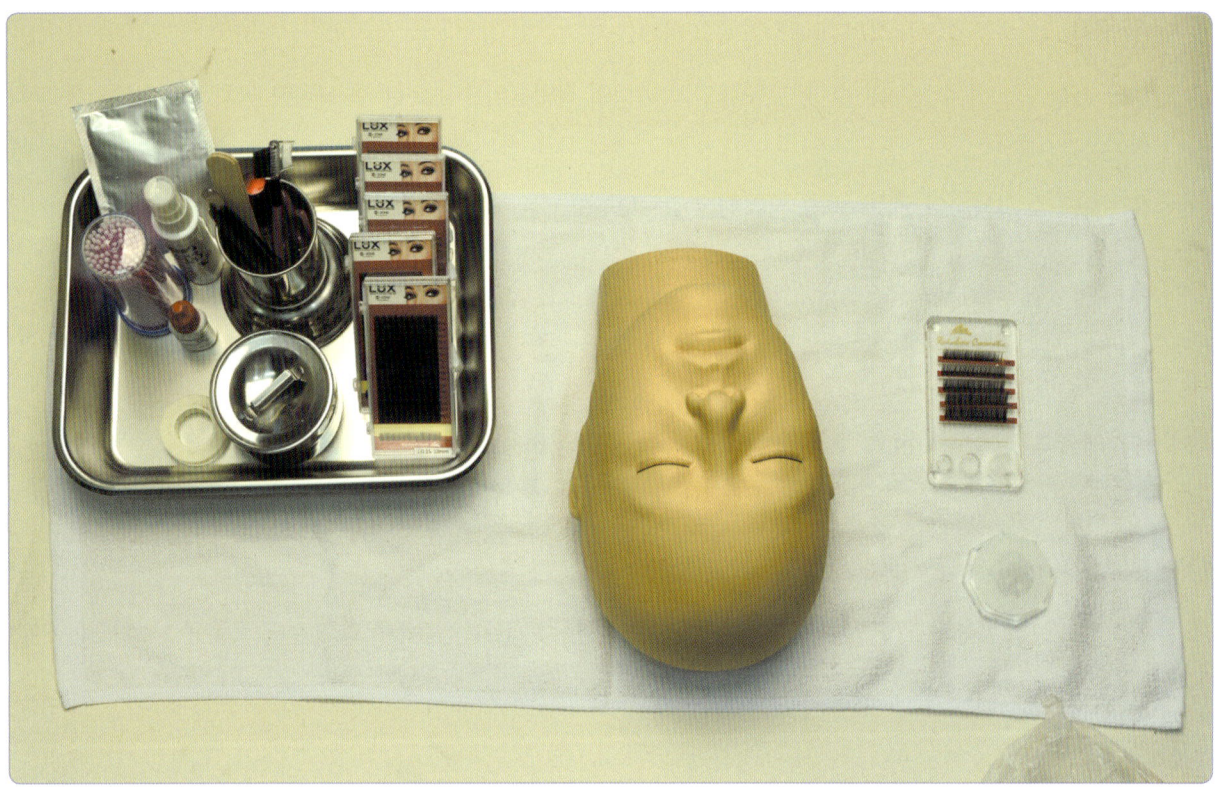

1. 과제를 수행하기 전 재료를 준비한다.
   - 복장은 흰색 위생가운을 착용한 상태여야 한다.
   - 흰색 위생타월을 깔아준다.
   - 가운데에는 마네킹을 놓아주는데 이때 마네킹의 이마가 본인의 배 앞쪽으로 오도록 놓는다.
   - 본인의 오른쪽에는 위생봉투를 부착하여 시험 도중 발생하는 쓰레기를 수거한다.
   - 속눈썹 재료들을 가지런히 세팅한다. 마네킹을 기준으로 오른쪽에는 본인이 사용할 속눈썹과 글루판을 미리 준비하는 것이 좋다.
2. 마네킹은 인조속눈썹이 5~6mm의 50가닥 이상 부착된 상태로 준비하여야 한다.

완전합격 미용사 메이크업 실기시험문제

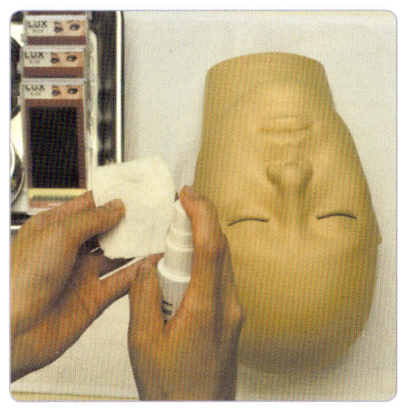
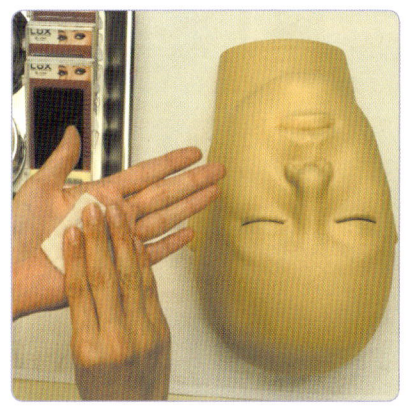
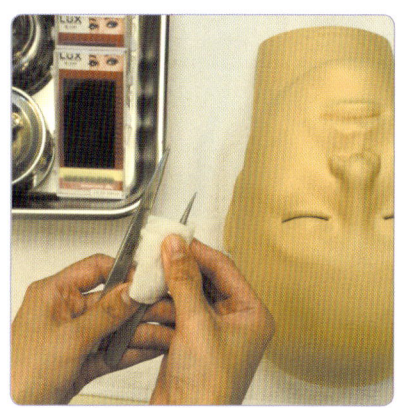

3. 시험 감독관의 과제 시작 알림 후 손 소독과 도구류(핀셋)를 소독한다.

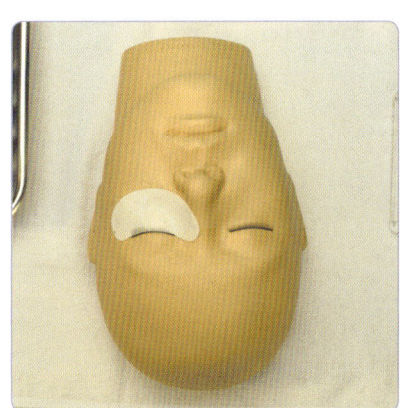

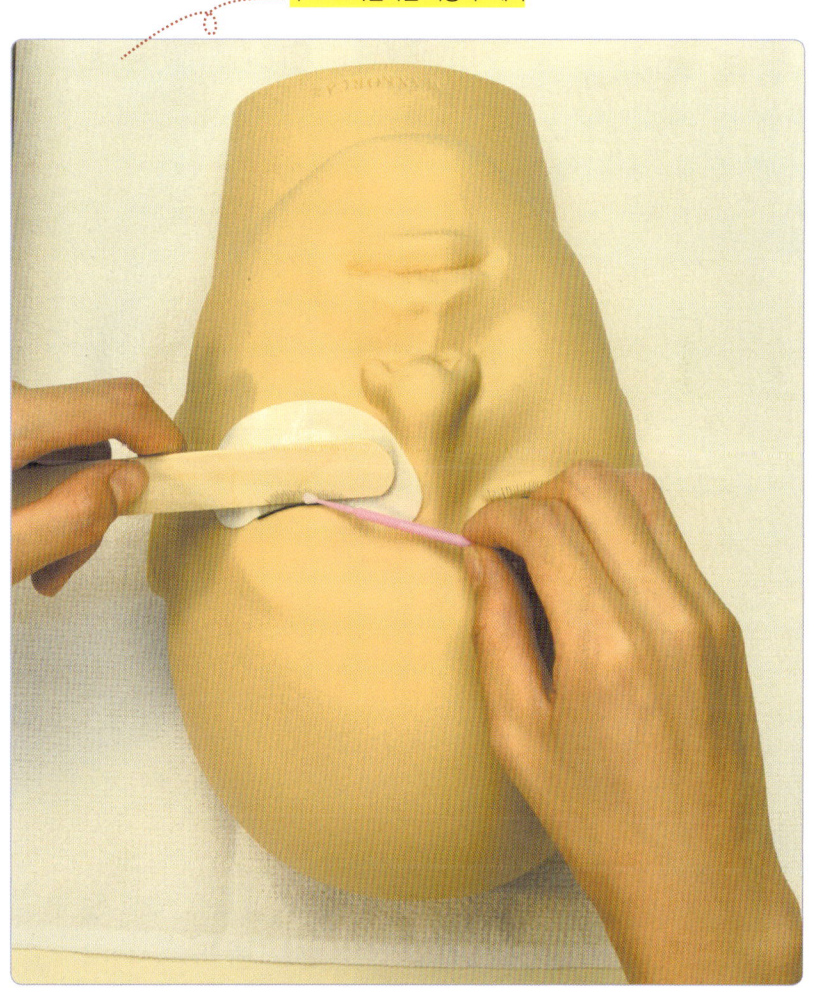

우드 스파출라는 사용 후 폐기

4. 아랫 속눈썹에 아이패치를 부착한다.
5. 우드 스파출라와 마이크로브러시(면봉)를 이용하여 전처리제를 균일하게 도포한다. 우드 스파출라는 전처리제가 눈에 들어가지 않게 도포될 수 있도록 받쳐주는 역할이므로 속눈썹 아래 부분에 대주고 마이크로브러시는 속눈썹 윗부분에 도포한다.
6. 글루를 1~2방울 따른다.
7. 연장하는 속눈썹은 J컬 타입으로 두께 0.15~0.20mm, 길이 8, 9, 10, 11, 12mm의 싱글모를 사용한다.

제4과제 | 속눈썹 익스텐션 및 수염 173

4과제 속눈썹 익스텐션 및 수염

❋ 부착순서

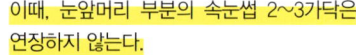
이때, 눈앞머리 부분의 속눈썹 2~3가닥은 연장하지 않는다.

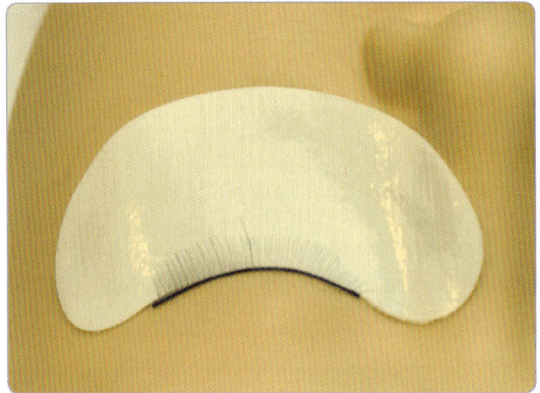

❶ 왼쪽 눈 중앙에 12mm 한 가닥을 연장한다.

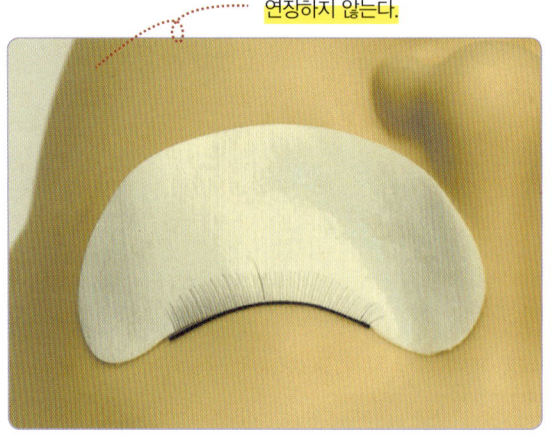

❷ 왼쪽 눈앞머리에 8mm 한 가닥을 연장한다.

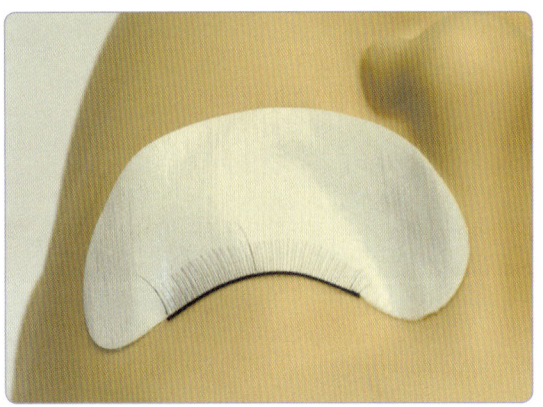

❸ 왼쪽 눈꼬리에 9mm 한 가닥을 연장한다.

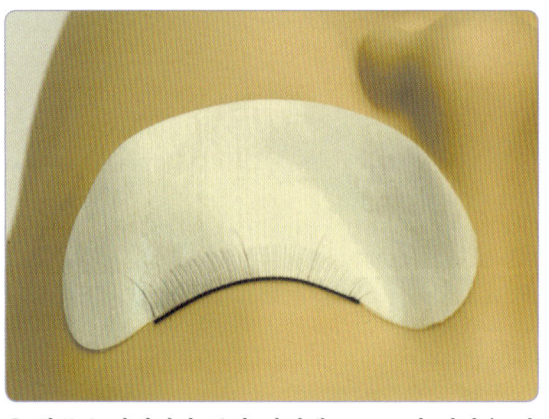

❹ 왼쪽 눈앞머리와 중앙 사이에 10mm 한 가닥을 연장한다.

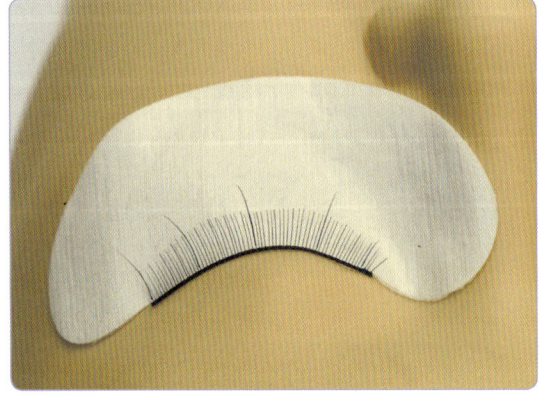

❺ 왼쪽 눈꼬리와 중앙 사이에 10mm 한 가닥을 연장한다.

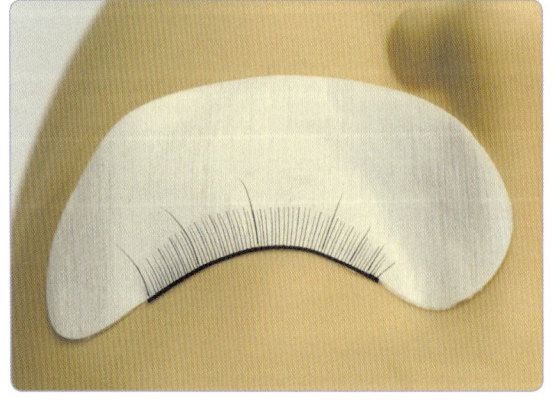

❻ 왼쪽 눈앞머리 8mm와 10mm 사이에 9mm를 연장한다.

완전합격 미용사 메이크업 실기시험문제

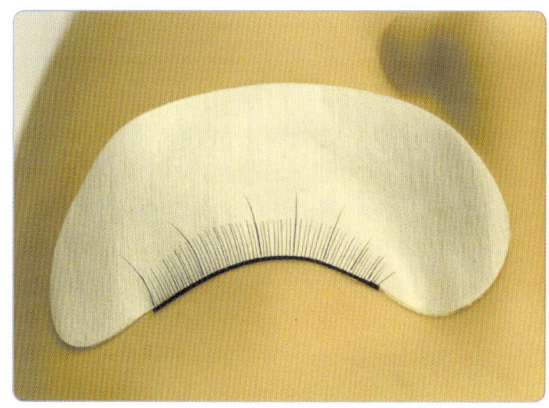

❼ 왼쪽 눈 10mm와 12mm 사이에 11mm를 연장한다.

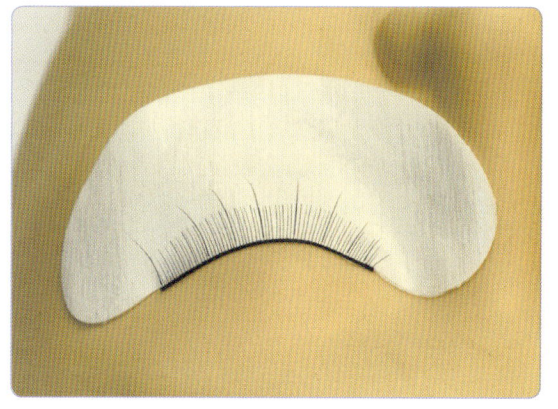

❽ 왼쪽 눈 12mm와 10mm 사이에 11mm를 연장한다.

❋ 완성

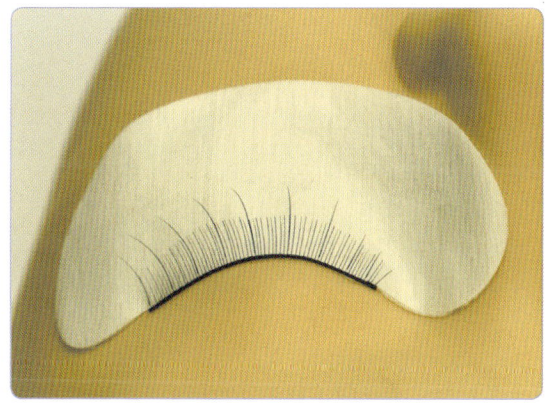

❾ 왼쪽 눈 10mm와 9mm 사이에 10mm를 연장한다.

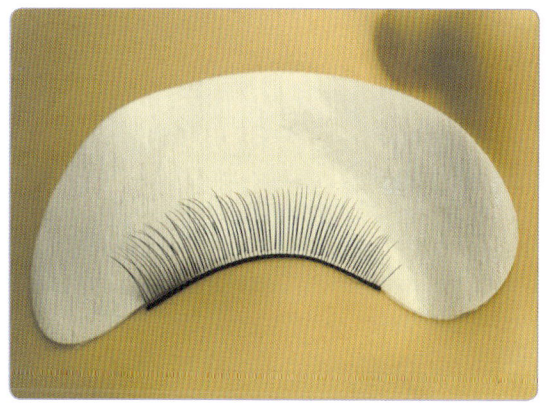

❿ 디자인은 눈앞머리에서부터 8-9-10-11-12-11-10-9 의 부채꼴 모양이 만들어져야 한다.

⓫ 디자인을 고려하며 중간중간 속눈썹을 채워주면 된다.

8. 마네킹에 부착된 속눈썹 한 개당 하나의 속눈썹만 연장되어야 한다.
9. 모근에서 1~1.5mm를 반드시 떨어뜨려 부착한다.
10. 왼쪽 인조속눈썹에 최소 40가닥 이상 연장한다(단, 눈앞머리 부분의 속눈썹 2~3가닥은 연장하지 않는다).
11. 글루의 양을 조절하여 뭉치지 않도록 주의한다.
12. 시험 감독관이 종료 10~20분 전이라는 안내지시에 따라 테크닉 조절을 하고, 종료 알림 즉시 도구에서 손을 떼도록 한다.

4과제 속눈썹 익스텐션 및 수염

세부 과정(오른쪽)

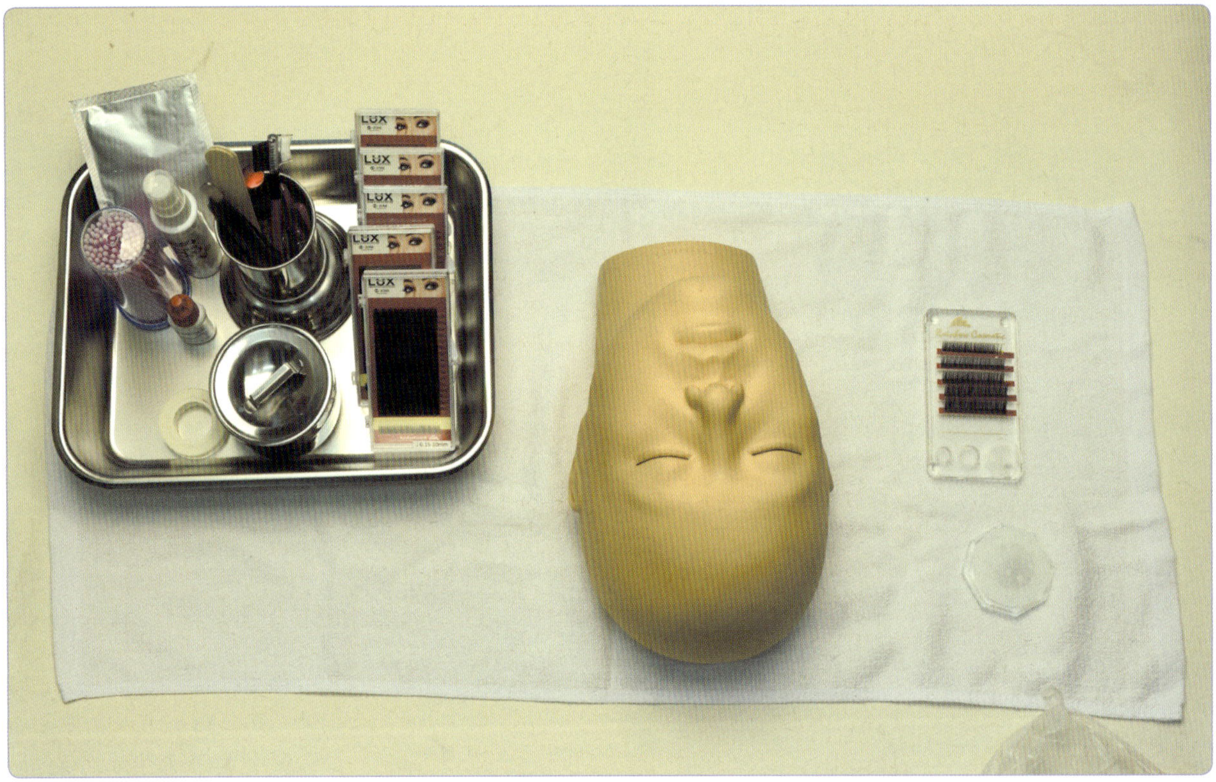

1. 과제를 수행하기 전 재료를 준비한다.
   - 복장은 흰색 위생가운을 착용한 상태여야 한다.
   - 흰색 위생타월을 깔아준다.
   - 가운데에는 마네킹을 놓아주는데 이때 마네킹의 이마가 본인의 배 앞쪽으로 오도록 놓는다.
   - 본인의 오른쪽에는 위생봉투를 부착하여 시험 도중 발생하는 쓰레기를 수거한다.
   - 속눈썹 재료들을 가지런히 세팅한다. 마네킹을 기준으로 오른쪽에는 본인이 사용할 속눈썹과 글루판을 미리 준비하는 것이 좋다.
2. 마네킹은 인조속눈썹이 5~6mm의 50가닥 이상 부착된 상태로 준비하여야 한다.

완전합격 미용사 메이크업 실기시험문제

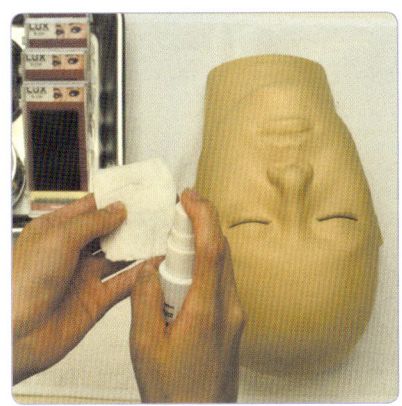
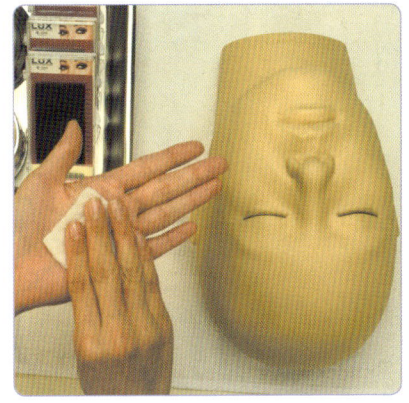
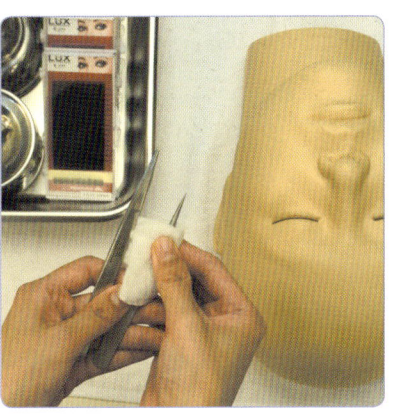

3. 시험 감독관의 과제 시작 알림 후 손 소독과 도구류(핀셋)를 소독한다.

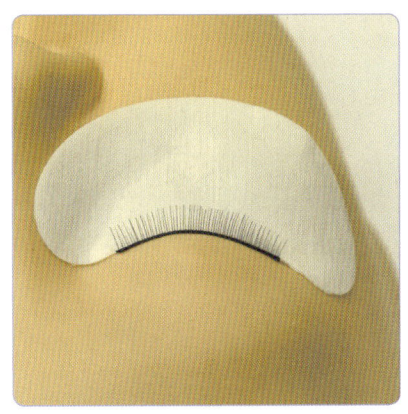

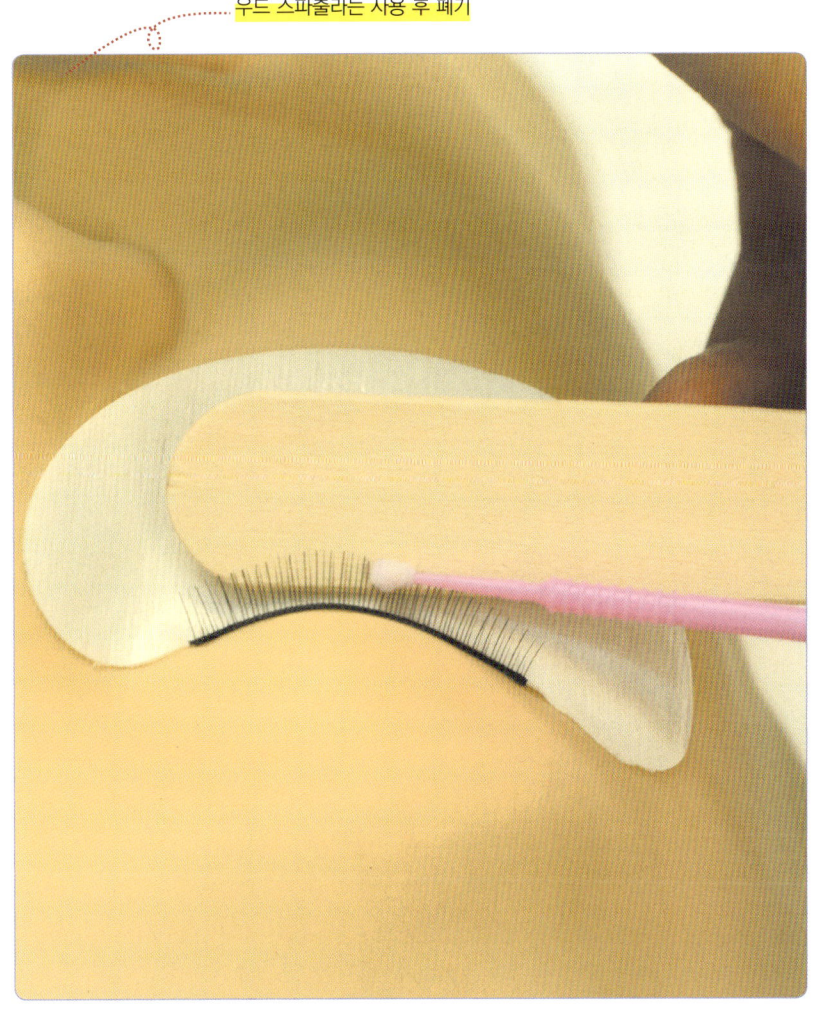

우드 스파출라는 사용 후 폐기

4. 아랫속눈썹에 아이패치를 부착한다.
5. 우드 스파출라와 마이크로브러시(면봉)를 이용하여 전처리제를 균일하게 도포한다. 우드 스파출라는 전처리제가 눈에 들어가지 않게 도포될 수 있도록 받쳐주는 역할이므로 속눈썹 아랫부분에 대주고 마이크로브러시는 속눈썹 윗부분에 도포한다.
6. 글루를 1~2방울 정도 따른다.
7. 연장하는 속눈썹은 J컬 타입으로 두께 0.15~0.20mm, 길이 8, 9, 10, 11, 12mm의 싱글모를 사용한다.

제4과제 | 속눈썹 익스텐션 및 수염   177

❋ 부착순서

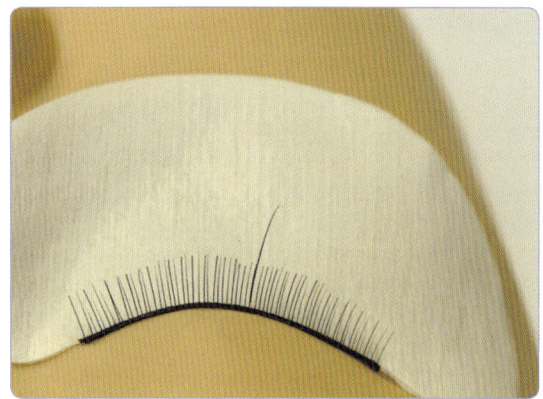

❶ 오른쪽 눈 중앙에 12mm 한 가닥을 연장한다.

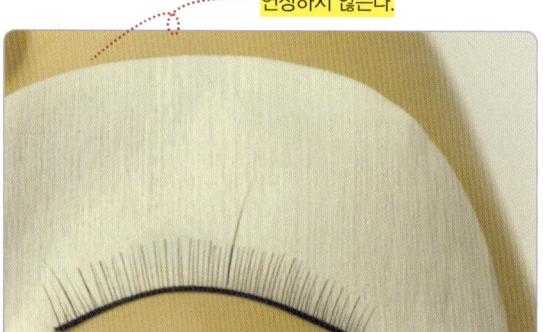

이때, 눈앞머리 부분의 속눈썹 2~3가닥은 연장하지 않는다.

❷ 오른쪽 눈앞머리에 8mm 한 가닥을 연장한다.

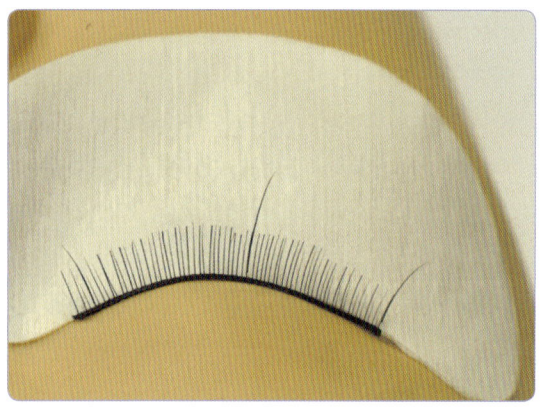

❸ 오른쪽 눈꼬리에 9mm 한 가닥을 연장한다.

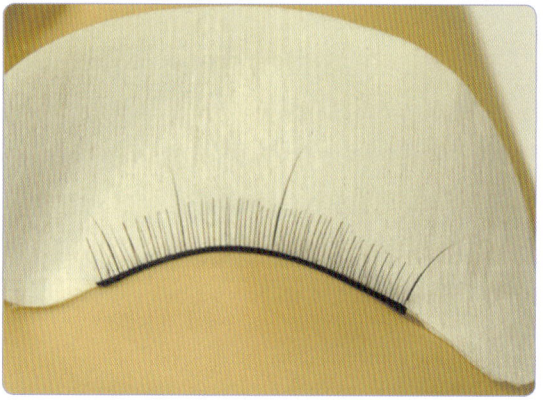

❹ 오른쪽 눈앞머리와 중앙 사이에 10mm 한 가닥을 연장한다.

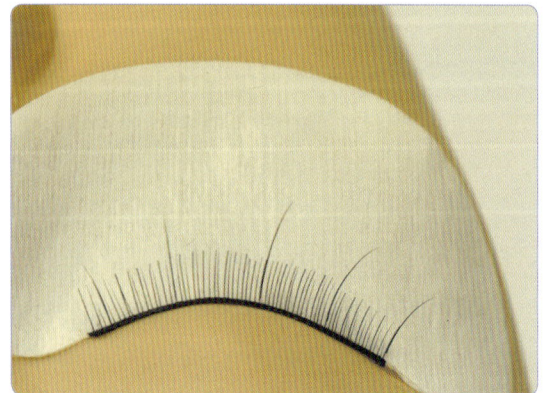

❺ 오른쪽 눈꼬리와 중앙 사이에 10mm 한 가닥을 연장한다.

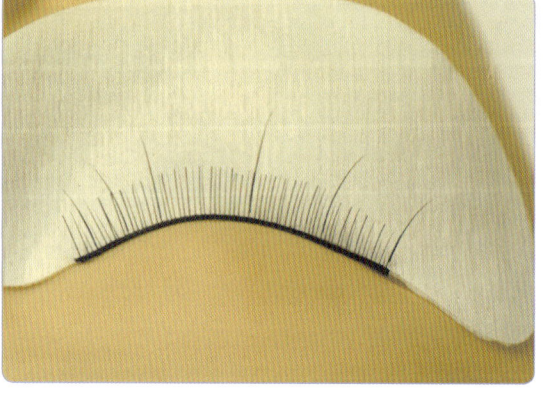

❻ 오른쪽 눈앞머리 8mm와 10mm 사이에 9mm를 연장한다.

완전합격 미용사 메이크업 실기시험문제

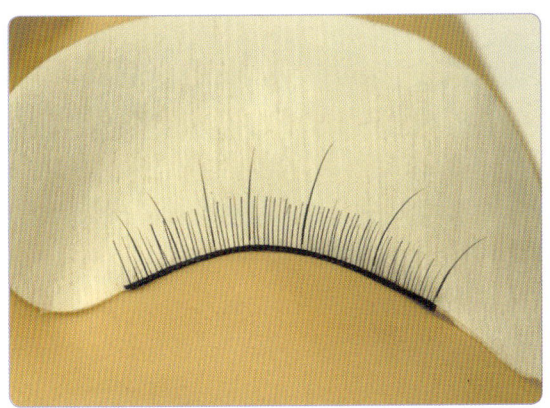

❼ 오른쪽 눈 10mm와 12mm 사이에 11mm를 연장한다.

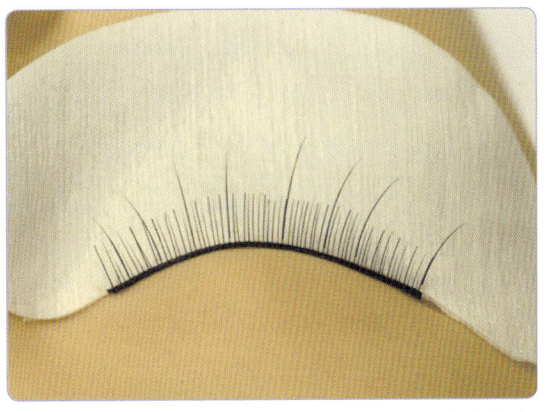

❽ 오른쪽 눈 12mm와 10mm 사이에 11mm를 연장한다.

✿ 완성

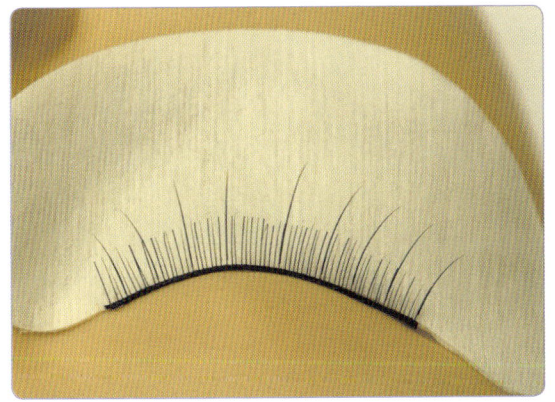

❾ 오른쪽 눈 10mm와 9mm 사이에 10mm를 연장한다.

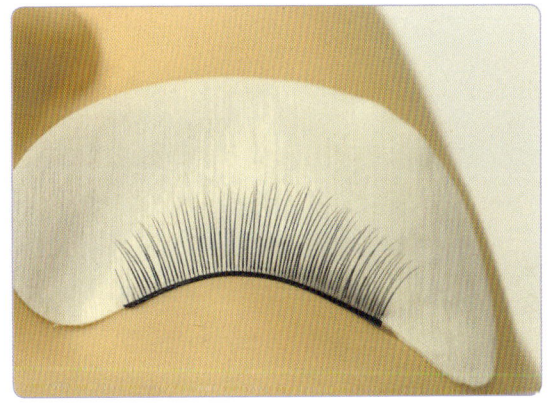

❿ 디자인은 눈앞머리에서부터 8-9-10-11-12-11-10-9 의 부채꼴 모양이 만들어져야 한다.

⓫ 디자인을 고려하며 중간중간 속눈썹을 채워주면 된다.

8. 마네킹에 부착된 속눈썹 한 개당 하나의 속눈썹만 연장되어야 한다.
9. 모근에서 1~1.5mm를 반드시 떨어뜨려 부착한다.
10. 왼쪽 인조속눈썹에 최소 40가닥 이상 연장한다(단, 눈앞머리 부분의 속눈썹 2~3가닥은 연장하지 않는다).
11. 글루의 양을 조절하여 뭉치지 않도록 주의한다.
12. 시험 감독관이 종료 10~20분 전이라는 안내지시에 따라 테크닉 조절을 하고, 종료 알림 즉시 도구에서 손을 떼도록 한다.

미디어 수염

 25분　 15점　 마네킹

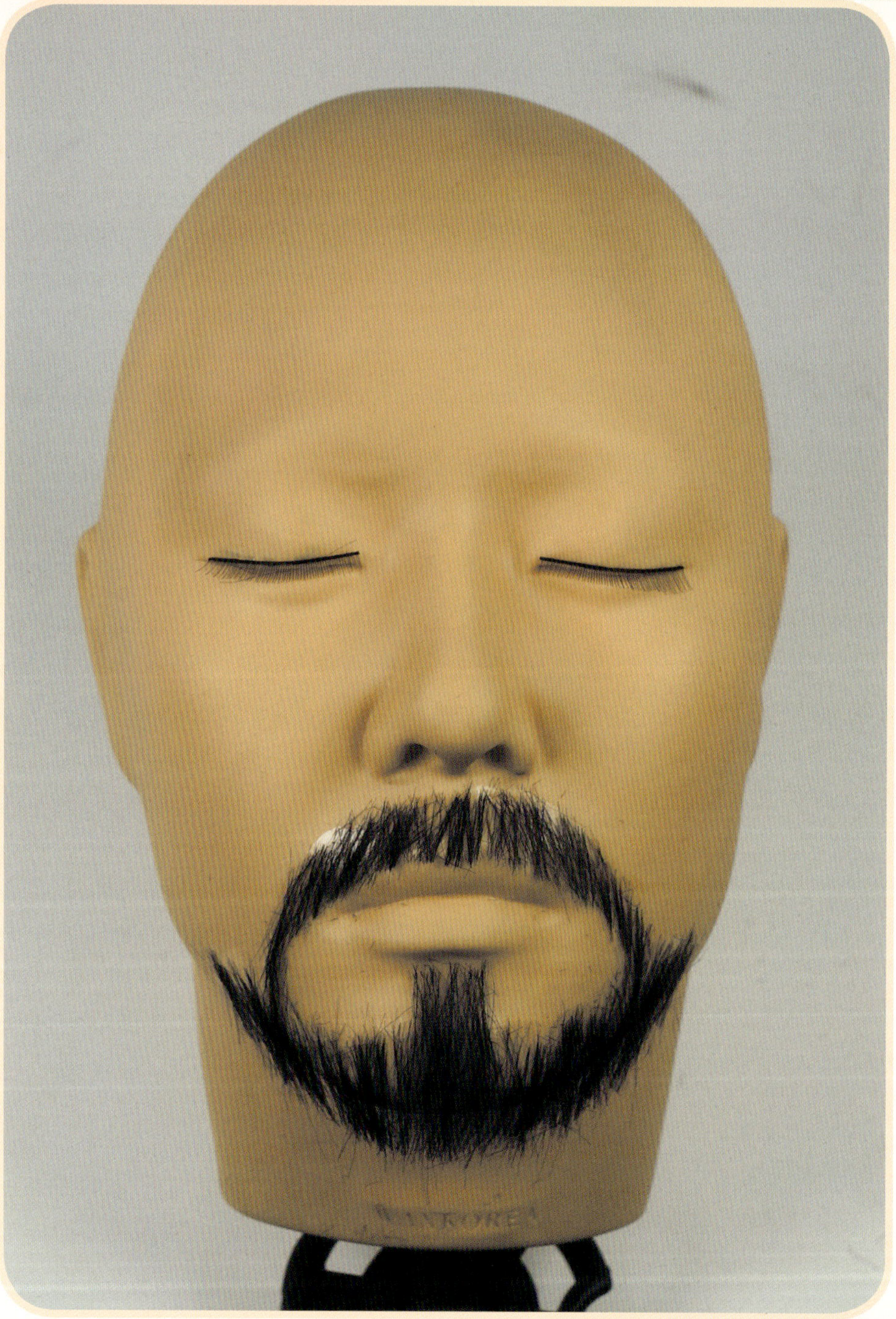

요구사항(4과제)

※ **지참재료 및 도구를 사용하여 아래의 요구사항에 따라 미디어 수염을 시험시간 내에 완성하시오.**

① 제시된 도면을 참고하여 현대적인 남성스타일을 연출하시오(단, 완성된 수염의 길이는 마네킹의 턱 밑 1~2cm 정도로 작업한다).

② 과제를 수행하기 전 수험자의 손 및 도구류와 마네킹의 작업부위를 소독하시오.

③ 수염 접착제(스프리트 검)를 균일하게 도포하여 마네킹의 좌우 균형, 위치, 형태를 주의하면서 사전에 가공된 상태의 수염을 붙이시오.

④ 수염의 양과 길이 및 형태는 도면과 같이 콧수염과 턱수염을 모두 완성하시오.

⑤ 빗과 핀셋으로 붙인 수염을 다듬은 후 고정 스프레이와 라텍스 등을 이용하여 스타일링하시오.

수험자 유의사항

① 마네킹에는 지정된 재료 및 도구 이외에는 사용할 수 없습니다.

② 수염은 사전에 가공된 상태로 준비해야 합니다.

③ 핀셋, 가위 등의 도구류를 사용 전 소독제로 소독해야 합니다.

4 과제 속눈썹 익스텐션 및 수염

준비물

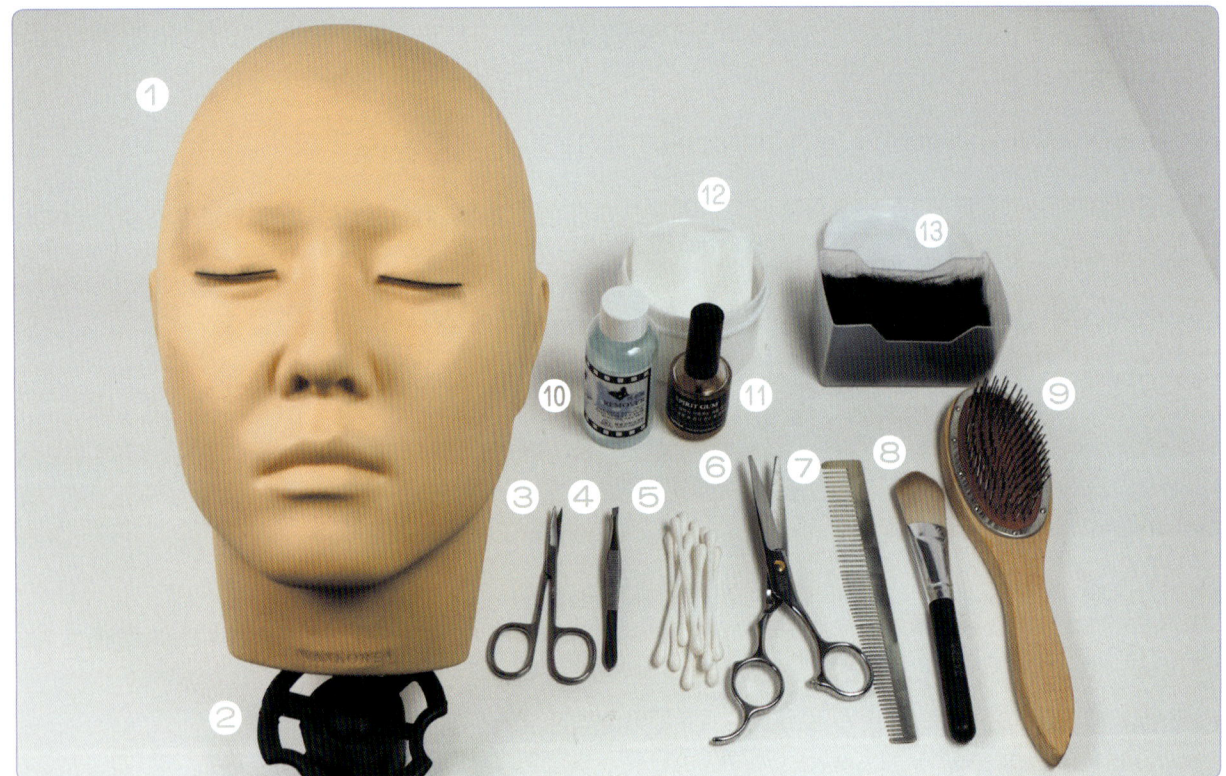

① 마네킹 : 수염 붙이는 연습을 할 수 있는 얼굴모형의 마네킹

② 홀더 : 마네킹을 테이블에 고정시킬 수 있는 고정장치

③ 수정가위 : 수염을 자를 수 있는 가위

④ 족집게 : 수염을 한 가닥씩 뽑을 수 있는 족집게

⑤ 면봉

⑥ 커트가위 : 수염을 붙인 후 수염형태를 다듬을 때 사용

⑦ 쇠빗 : 수염을 빗을 때 사용하며 쇠로 되어있어 생사의 정전기를 방지

⑧ 브러시 : 수염을 털어낼 때 사용

⑨ 쇠브러시 : 생사를 정리할 때 사용하는 대브러시

⑩ 리무버 : 수염을 붙이는 스프리트 검을 제거하는 리무버

⑪ 스프리트 검 : 수염을 붙이는 접착제

⑫ 화장솜 : 스프리트 검을 제거할 때 리무버를 적셔 사용하는 화장솜

⑬ 사전에 가공된 상태의 수염

완전합격 미용사 메이크업 실기시험문제

 세부 과정

 TIP 수염 정리

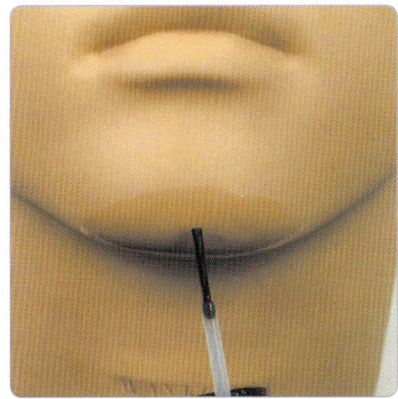

❶ 아래턱 중앙 부분에 스프리트 검을 바른다.

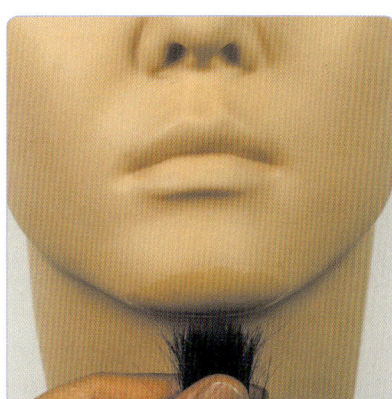

❷ 턱밑에 수염을 붙인다.

❶ 검정생사를 3~4cm 정도 길이로 가위로 자른다. 시험기준이 마네킹 턱밑 1~2cm 정도로 작업하는 것이므로 너무 짧게 생사를 잘랐을 때 수염 붙이기 작업이 어려우면 4~5cm 정도 잘라서 작업하는 것이 좋다.
❷ 커트된 생사를 한 올 한 올 풀어준다.
❸ 풀어놓은 생사를 양손으로 가볍게 비벼주어 부드럽게 만든다.
❹ 생사의 양끝을 잡고 당기면서 분리하고 다시 합치는 과정을 반복한다.
❺ 양쪽 끝이 V라인이 되면 쇠빗으로 빗어준다.
❻ 수염정리가 된 생사는 흐트러지지 않게 가지런히 보관한다.

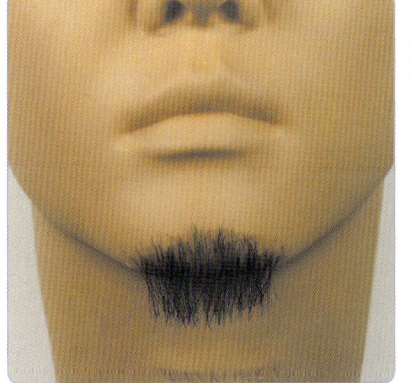

❸ 오른쪽 턱에 스프리트 검을 바른다.

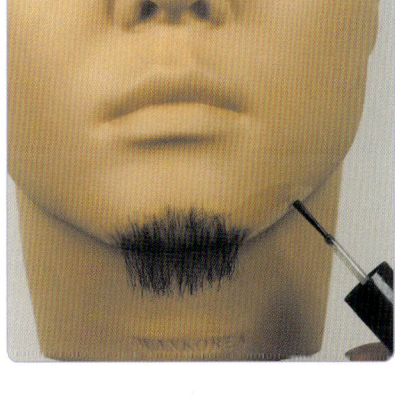

❹ 오른쪽 턱에 수염을 붙인다.

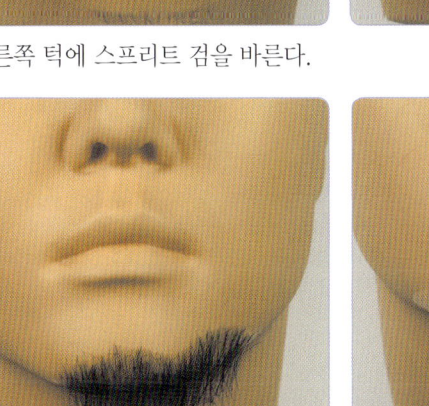

❹ 오른쪽 턱에 수염을 붙인다.

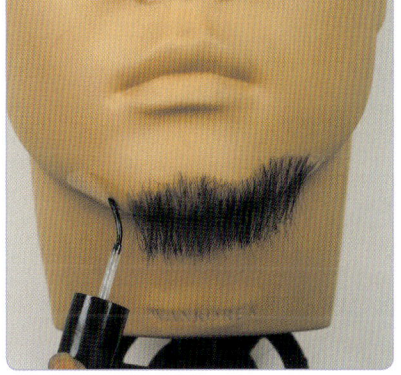

❺ 왼쪽 턱에 스프리트 검을 바른 후 수염을 붙인다.

제4과제 | 속눈썹 익스텐션 및 수염

4과제 속눈썹 익스텐션 및 수염

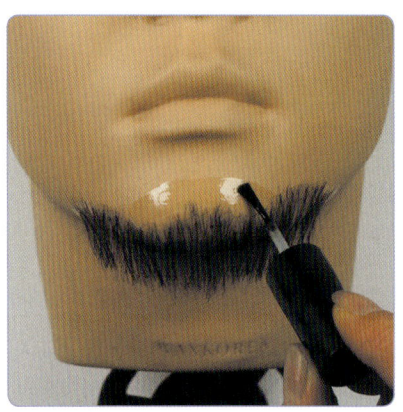
❻ 중앙 부위에 스프리트 검을 바른다.

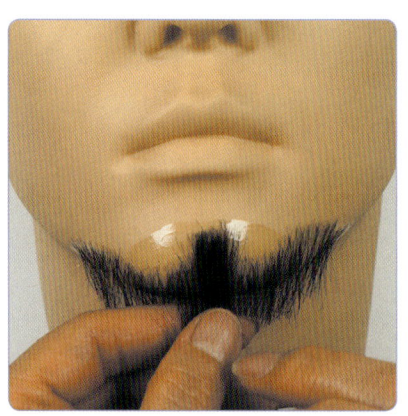
❼ 턱 중앙 부분에 수염을 붙인다.

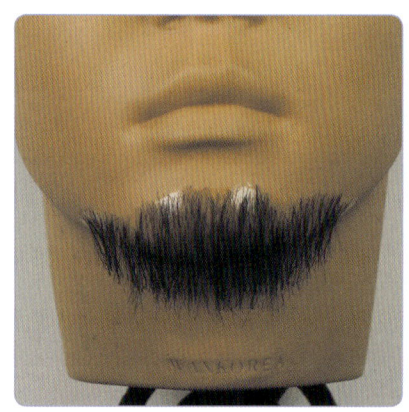
❽ 중앙까지 수염 붙이기가 완성된 모습

TIP 수염 붙이는 순서

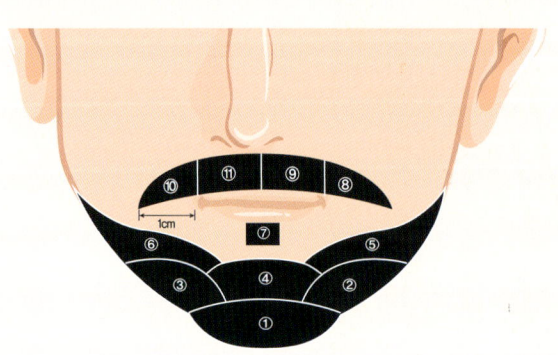

수염은 중앙을 먼저 붙인 다음 양쪽을 번갈아 붙인다. 오른쪽과 왼쪽을 붙이는 순서는 편리한 대로 붙이면 되며 이 교재에서는 저자가 오른손잡이여서 오른쪽을 먼저 붙이는 것이 편리하므로 오른쪽부터 붙였다.

※ 중앙을 붙인 다음 왼쪽부터 붙여도 무방

완전합격 미용사 메이크업 실기시험문제

 TIP

* 스프리트 검을 바를 때는 얇고 고르게 펴 바르고 5~6초 정도 경과하여 수염을 붙여야 접착력이 좋아 잘 부착된다.
* 스프리트 검은 새로 개봉한 것은 접착력이 약하므로 10초 이상 휘발시킨 후 수염을 붙이는 것이 좋다.

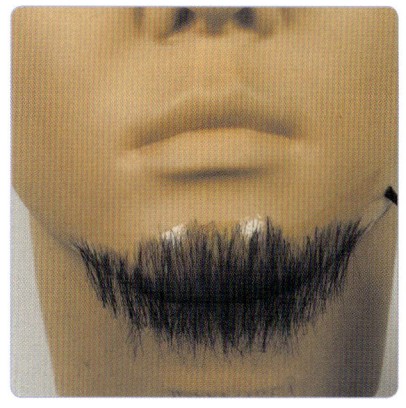

❾ 오른쪽 볼 부분에 스프리트 검을 바른다.

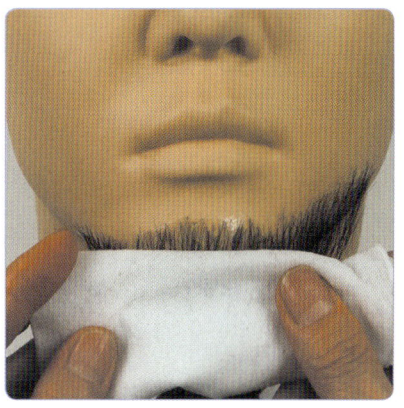

❿ 수염을 붙인 부분을 물티슈로 가볍게 눌러준다.

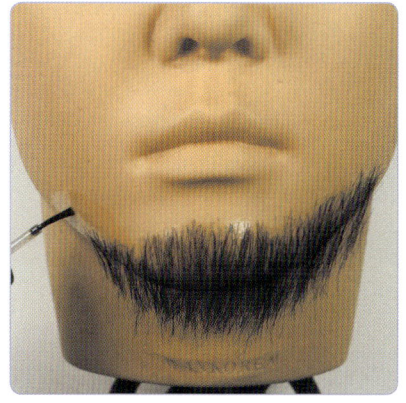

⑪ 왼쪽 볼 부분에 스프리트 검을 바른다.

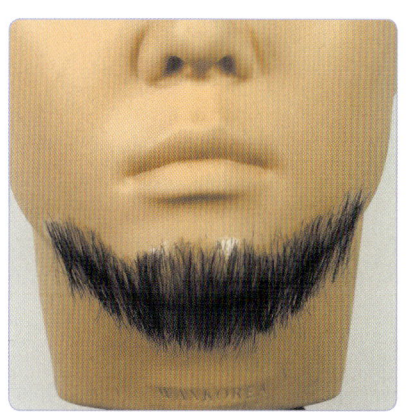

⑫ 왼쪽 볼 부분에 수염을 붙인다.

 TIP

스프리트 검은 건조하면 반짝거림이 남아 자연스럽지 않다. 수염을 붙인 후 스프리트 검을 바른 부분을 물티슈나 물묻힌 거즈로 살짝 눌러주면 반짝거림이 사라진다.

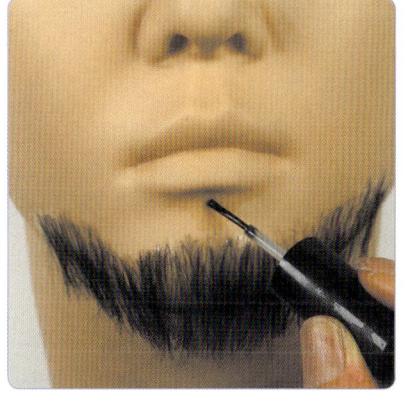

⑬ 아랫입술 밑 중앙 부분에 스프리트 검을 바른다.

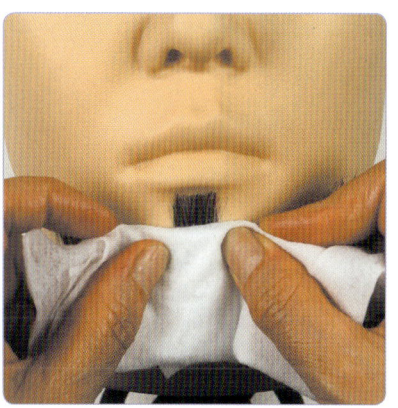

⑭ 아랫입술 중앙에 수염을 붙인다.

4과제 속눈썹 익스텐션 및 수염

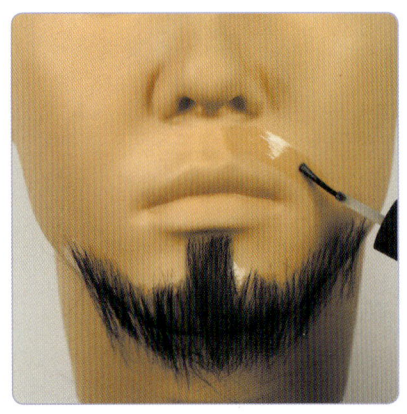 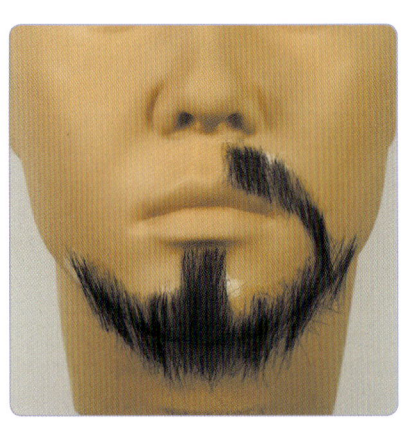

⑮ 오른쪽 코 밑 부분에 스프리트 검을 바른다.

⑯ 오른쪽 코 밑 수염의 끝부분을 먼저 붙인 다음 가운데 부분을 붙인다.

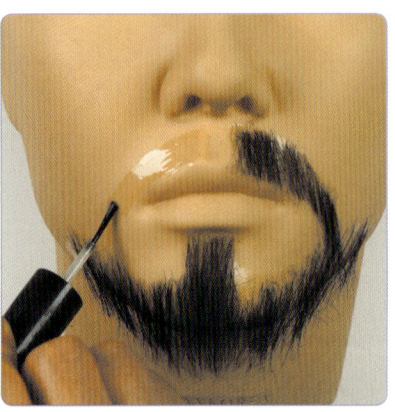 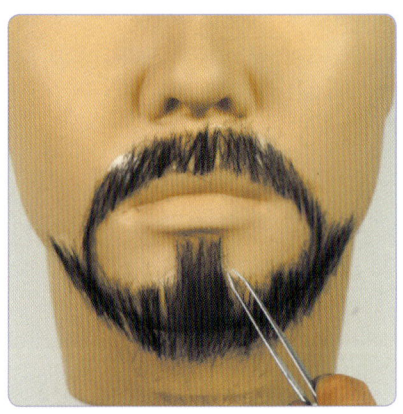

⑰ 왼쪽 코 밑 부분에 스프리트 검을 붙인다.

⑱ 왼쪽 코 밑 수염의 끝부분을 먼저 붙인 다음 가운데 부분을 나중에 붙인다.

TIP

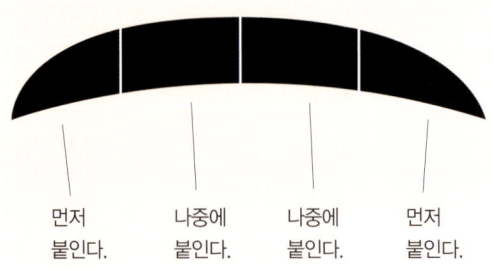

먼저 붙인다. | 나중에 붙인다. | 나중에 붙인다. | 먼저 붙인다.

완전합격 미용사 메이크업 실기시험문제

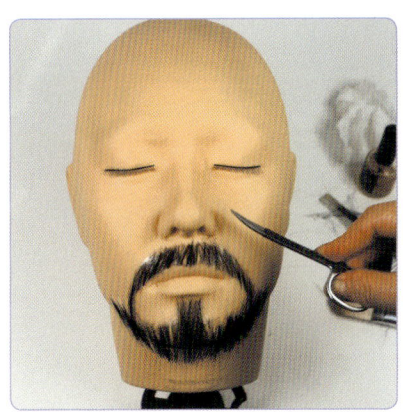

⑲ 수염을 수정가위로 정리한다.

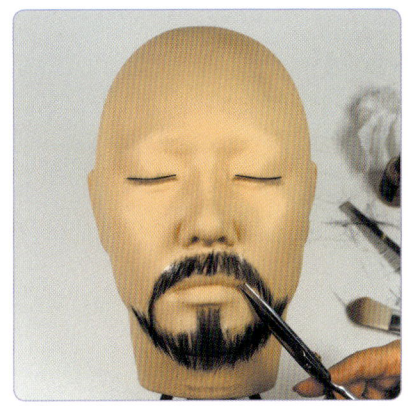

⑳ 이때 시험기준 1~2cm 정도로 다듬어 정리한다.

❉ 완성

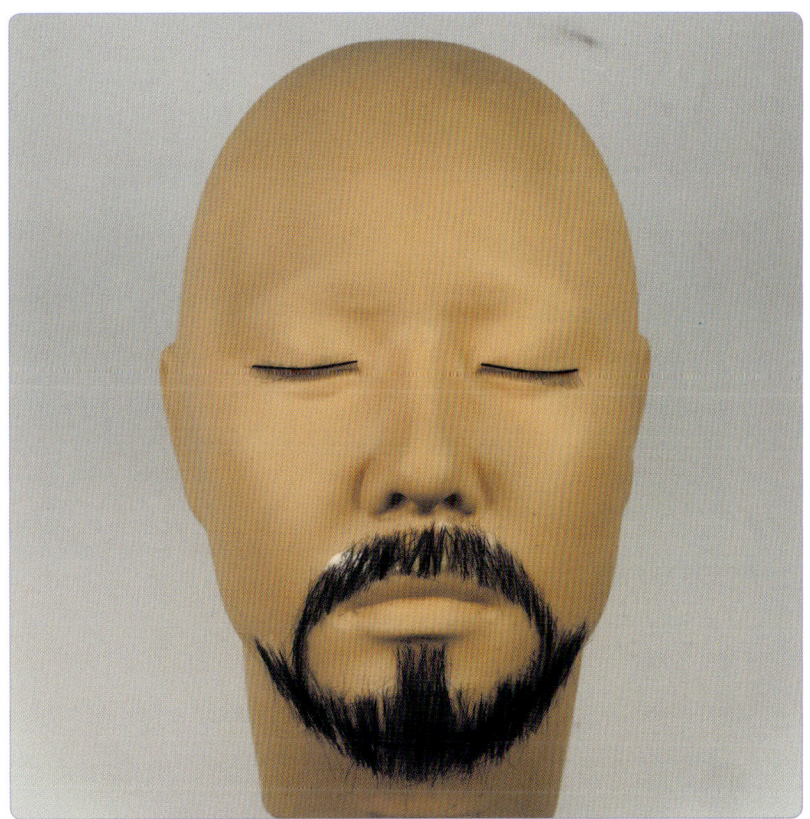

㉑ 완성된 미디어 수염

Makeup Set

한국산업인력공단에서 실시하는
메이크업 국가자격증시험에 필요한 메이크업재료,
속눈썹재료, 분장재료 등이 세트로 구성되어있습니다.

엘앤에스 코스메틱
주소 : 경기도 부천시 오정구 오정로 74(삼정동 1동2층) Tel : 032) 673-5097~8

완전합격
미용사 메이크업 실기시험문제

발 행 일	2026년 1월 10일 개정8판 1쇄 인쇄
	2026년 1월 20일 개정8판 1쇄 발행
저 자	크리에이티브 메이크업 랩
발 행 처	 http://www.crownbook.com
발 행 인	李尙原
신고번호	제 300-2007-143호
주 소	서울시 종로구 율곡로13길 21
공 급 처	(02) 765-4787, 1566-5937
전 화	(02) 745-0311~3
팩 스	(02) 743-2688, (02) 741-3231
홈페이지	www.crownbook.co.kr
I S B N	978-89-406-4958-9 / 13590

저자협의
인지생략

특별판매정가 23,000원

이 도서의 판권은 크라운출판사에 있으며, 수록된 내용은
무단으로 복제, 변형하여 사용할 수 없습니다.
　　Copyright CROWN, ⓒ 2026 Printed in Korea

이 도서의 문의를 편집부(02-6430-7006)로 연락주시면
친절하게 응답해 드립니다.